高等学校“新形态”规划教材

Python 程序设计与人工智能

主 编 王 晨 齐惠颖

本书资源使用说明

北京邮电大学出版社
·北京·

内容简介

本书旨在帮助读者掌握Python编程技能，并了解人工智能领域的入门知识。全书共10章，具体内容包括Python概述、Python编程基础知识、程序控制结构、字符串、组合数据类型、函数、文件、人工智能基础、人工智能第三方库、人工智能应用案例。

本书的核心内容围绕Python编程和人工智能展开，将理论讲解与实践操作相结合，帮助读者掌握Python的基本语法、数据结构、常用库以及Python在人工智能领域的应用。本书中系统的知识介绍和丰富的实际案例，有助于读者更好地理解和应用所学内容。

本书可以作为高等院校Python编程基础和人工智能相关课程的教材，也可作为Python程序员和人工智能爱好者的参考书。

图书在版编目（CIP）数据

Python程序设计与人工智能 / 王晨，齐惠颖主编 . -- 北京：北京邮电大学出版社，2024.5（2026.1重印）

ISBN 978-7-5635-7132-1

Ⅰ. ①P… Ⅱ. ①王… ②齐… Ⅲ. ①软件工具—程序设计 ②人工智能 Ⅳ. ① TP311.561 ② TP18

中国国家版本馆CIP数据核字（2023）第248932号

策划编辑：韩　霞　　**责任编辑**：宋俊娥　　**封面设计**：广信达雅

出版发行：北京邮电大学出版社
社　　址：北京市海淀区西土城路10号（100876）
电话传真：010-82333010　62282185（发行部）　010-82333009　62283578（传真）
网　　址：www.buptpress3.com
电子信箱：buptpress3@163.com
经　　销：各地新华书店
印　　刷：鸿博睿特（天津）印刷科技有限公司
开　　本：787 mm×1 092 mm　1/16
印　　张：15
字　　数：381千字
版　　次：2024年5月第1版
印　　次：2026年1月第5次印刷

ISBN 978-7-5635-7132-1　　定价：49.00元

前言

PREFACE

在当今这个科技迅速发展的数字化时代，人工智能技术给诸多领域带来了巨大的变革，不仅推动了技术和创新的进步，还为人们带来了更便捷的生活方式和工作方式。Python 作为一门高级编程语言，以其简洁、易学的特性以及丰富的库和工具，为开发者提供了全面而强大的功能，使之成为人工智能领域的首选语言。

党的二十大报告提出“深入实施科教兴国战略、人才强国战略、创新驱动发展战略”。Python 和人工智能的学习，对于培养适应信息社会发展和应用前沿技术促进行业发展的各领域的优秀人才具有十分重要的意义。

本书将 Python 编程和人工智能两个主题有机地结合在一起，从入门到进阶展开全面探讨。本书从介绍 Python 编程基础知识入手，逐步引导读者掌握其语法、数据结构和基本概念；之后探讨 Python 在人工智能领域的应用，包括人工智能的方法、第三方库以及相关应用案例。通过本书的讲解，读者可以从入门学习 Python 编程并逐步进入人工智能领域。

本书具有以下特点。

（1）全面性。本书涵盖 Python 的核心概念、常用库和工具，以及人工智能领域的基础知识和技术，帮助读者全面掌握相关知识。

（2）实践性。本书提供了丰富的实际案例和代码示例，并通过上机实验开展实践，帮助读者将所学知识应用于实际项目中，培养其解决实际问题的能力。

（3）渐进性。本书将学习过程划分为不同阶段，并提供了适当的练习和挑战，帮助读者逐步提升程序设计和算法设计能力。

（4）拓展性。本书提供配套的数字资源，引导读者通过阅读和查看相关资料，进一步拓展知识面，探索更高级的知识和技术。

本书由王晨、齐惠颖任主编，由曲军任副主编。具体编写分工如下：第 1 章由齐惠颖编写，第 2 章和第 6 章由王晨编写，第 3 章由樊敏编写，第 4 章由王路漫编写，第 5 章和第 7 章由李晓玲编写，第 8 章、第 9 章和第 10 章由王静编写。全书由王晨、曲军统稿，由王晨、齐惠颖、王静、白星月、曲军审稿。

在此特别感谢北京邮电大学出版社的相关编辑为出版本书所提供的大力支持。

由于编者水平有限，书中难免存在疏漏和不妥之处，敬请广大读者提出宝贵建议并批评指正。

王晨　齐惠颖

目 录

CONTENTS

第 1 章 Python 概 述

1.1 Python 概况

Python 是一种解释型、面向对象、动态数据类型的高级程序设计语言，是由荷兰国家数学与计算机科学研究中心的吉多·范罗苏姆（Guido van Rossum）于 20 世纪 90 年代初期设计的，由于其具有语法简单易学、标准库和第三库众多、功能强大等特点，因此受到了各行业相关人员的青睐。Python 越来越多地被用于独立的、大型项目的开发中，已成为目前最受欢迎的程序设计语言之一。

Python 官方网站同时发行的版本有 Python 2.x 和 Python 3.x。Python 2.x 是历史遗留版本，2010 年发布的 Python 2.7 是 Python 2.x 系列的最终版，以后不会再更新。Python 3.x 版本在不断更新中。Python 2.x 和 Python 3.x 两者之间无法兼容，除了输入、输出方式存在差异，许多其他语法规则的使用也存在一定差异。Python 3.x 系列版本无法向下兼容 Python 2.x 系列版本的既有语法。

对于初学者来说，建议使用 Python 3.x 系列版本，全部的标准库和绝大多数第三方库都很好地支持 Python 3.x 系列，并在该系列的基础上升级更新。对于一些特殊情况，如果需要使用某种第三方库，但这个库不提供 Python 3.x 版本，则可以考虑使用 Python 2.x 版本。

需要注意的是，当较新的 Python 版本推出后，不要急于升级，应等到版本稳定以及相应扩展库也推出了新的版本后再进行升级。

1.2 Python 特点与应用

1.2.1 Python 特点

▲ Python 设计哲学

Python 主要具有以下几个方面的特点。

1. 易读、易用

Python 中包含相对较少的关键字，结构简单、清晰，语法定义明确，具有伪代码的本质，因此相较于其他编程语言来说，Python 的阅读、学习、使用都更加简单。

2. 免费开源

Python 是开源软件，可以免费使用和复制，且使用者可以自由地对其进行研究，甚至进行修改。

3. 可移植

由于 Python 具有开源特性，开发者可以将 Python 代码移植到不同平台上部署和运行。这些平台包括 Linux、Windows、FreeBSD、Macintosh、Solaris、OS/2、Android 等。

4. 可扩展

如果一段关键代码需要运行得更快，或者某些算法不愿公开，那么可以利用 C/C++ 完成该部分程序，再在 Python 中调用它们。

5. 可嵌入

Python 可以嵌入 C/C++ 程序，向使用者提供脚本功能。

6. 丰富的库

Python 拥有丰富且功能强大的标准库，可以帮助用户处理各种工作，包括正则表达式、文档生成、单元测试、线程、数据库、网页浏览器、CGI（公共网关接口）、FTP（文件传送协议）、电子邮件、XML（可扩展标记语言）、XML-RPC（XML- 远程过程调用）、HTML（超文本标记语言）、WAV（波形声音）文件、密码系统、GUI（图形用户界面）、Tkinter 模块和其他与系统有关的操作，体现了其“功能全面”的理念。

1.2.2 Python 应用

基于 Python 的上述特点，Python 逐渐成为很多领域首选的编程语言。近几年，Python 在编程语言排行榜中一直占据领先位置，几乎各行各业都在使用 Python 进行应用开发。Python 主要的应用领域有以下几个方面。

1. Web 应用开发

Python 包含标准的 Internet（互联网）模块，可用于实现网络通信及应用。Python 典型的 Web 应用开发框架有 Django、Flask、Pyramid，都可以用来快速实现一个网站或 Web 服务，轻松地开发和管理复杂的 Web 程序。随着这些框架的不断更新，使用 Python 开发网络应用程序变得简单、高效。目前许多大型网站均是用 Python 开发的，如 Google（谷歌）爬虫、豆瓣。

2. 数据处理和分析

Python 具有简洁性、易读性和可扩展性等优点，因此被广泛应用于数据处理和分析领域。与数据处理相关的常用库包括 NumPy、SciPy、Matplotlib 等，这些库可以用来清洗数据、处理数据、制作图表、绘制高质量的 2D（二维）和 3D（三维）图形，甚至搭建各种数据分析模型等。目前 Python 已成为进行数据分析的主流语言之一。

3. 人工智能程序开发

Python 在人工智能领域的机器学习、神经网络、深度学习等方面都是主流的编程语言，并且得到用户广泛的支持和应用。基于大数据分析和深度学习发展出来的人工智能，本质上已经无法离开 Python 的支持。目前世界优秀的人工智能学习框架，如 Google 的 TensorFlow 和开源社区的神经网络库 Karas 等，都是用 Python 实现的。Microsoft（微软）的 CNTK（认知工具包）也完全支持 Python，而且 Microsoft 的 VSCode（跨平台的免费代码编辑器）已经把 Python 作为第一级语言进行支持。

4. 图形界面开发

Python 有许多优秀的 GUI 工具集，如 PyQt、PySide、PySimpleGUI、Tkinter、Gooey、 wxPython 等。这些优秀的 GUI 工具集使 Python 在图形界面编程领域大展身手，如使用 Gooey 库可以快速将一款命令行下的 Python 工具转化为一个 GUI 程序。Python 的许多应用程序都是由 Python 结合一些优秀的 GUI 工具集编写的。

5. 系统运维

伴随着云时代、物联网的到来，无论是数据还是服务器的规模均变得空前庞大，企业对运维人员的需求也由常规运维逐渐转变为研发型运维。Python 在自动化运维方面获得了广泛的应用，现已成为运维工程师首选的编程语言。Python 标准库包含多个调用操作系统功能的库，用 Python 编写的系统管理脚本在可读性、鲁棒性、代码重用度、扩展性等方面都优于普通的 Shell 脚本。目前几乎所有的互联网公司的自动化运维的标准配置都是 Python+Django/Flask。另外，虚拟化管理的 OpenStack 云平台也是由 Python 实现的。

6. 嵌入式应用开发

Python 跨平台的特点，使得当前主流的操作系统基本都支持 Python 开发。Python 强大的第三方库（如 MicroPython 等）支持嵌入式开发，可以通过 Python 脚本语言开发单片机程序，可以实现硬件底层的访问和控制，如实现 LED（发光二极管）流水灯、LCD（液晶显示器）显示、电压检测、电机控制、SD（安全数字）存储卡访问等。

1.3 Python 运行环境的安装与使用

学习 Python 的前提首先是安装 Python 运行环境。Python 运行环境有多种选择，可以使用 Python 解释器在命令行或交互环境下直接运行 Python 代码，也可以安装集成开发环境。用户可根据需要选择适合的 Python 运行环境开发和运行 Python 程序。

1.3.1 Python 解释器的安装与运行

进入 Python 官方网站（网址 https://www.python.org/），如图 1-1 所示，在导航栏单击“Downloads”选项，在随后打开的页面中选择合适的 Python 版本进行下载。Python 提供不同平台（如 Windows、macOS 等）的安装版本，用户可以根据需要选择。

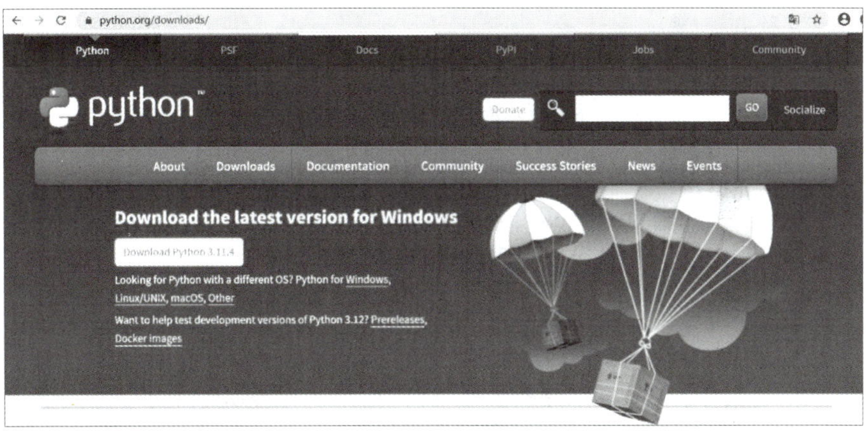

图 1-1　Python 官方网站

这里以最新的 Windows 平台的安装包为例，单击“Downloads → Windows → Python 3.11.4”选项，下载安装包。下载完成后直接双击安装程序即可进行安装。

1. Python 解释器的安装

Python 解释器的安装过程与其他 Windows 软件的安装过程类似。

（1）双击运行 Python 安装程序 python-3.11.4-amd64.exe，弹出如图 1-2 所示的安装选项界面。

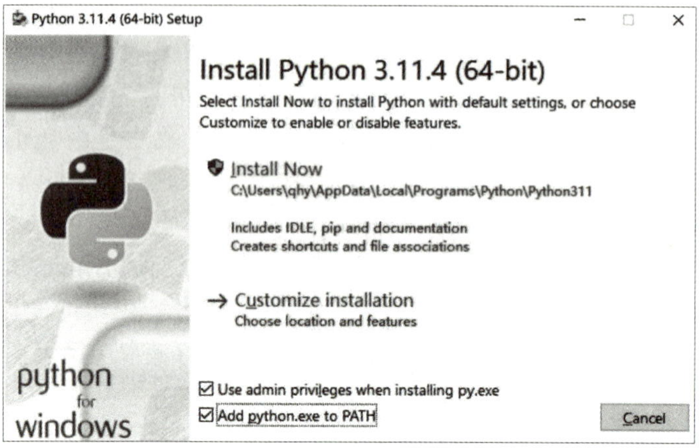

图 1-2　Python 安装选项界面

（2）设置安装选项。Python 提供了两种安装方式：Install Now（默认安装）和 Customize installation（自定义安装），用户可自行选择。若选择 Install Now 选项，则用户无须进行选项配置，均保持系统的默认设置即可；若选择 Customize installation 选项，则需要用户自定义配置，包括设置安装路径。这里单击选择 Customize installation 选项。

需要注意的是，一般要勾选下方的“Add python.exe to PATH”复选框，也就是将 python.exe 文件添加到 PATH 环境变量中，以便直接在 Windows 的命令提示符下运行 Python 解释器。

（3）进入 Optional Features（可选功能）界面，采用默认方式，单击 Next 按钮，进入 Advanced Options（高级选项）界面，如图 1-3 所示。

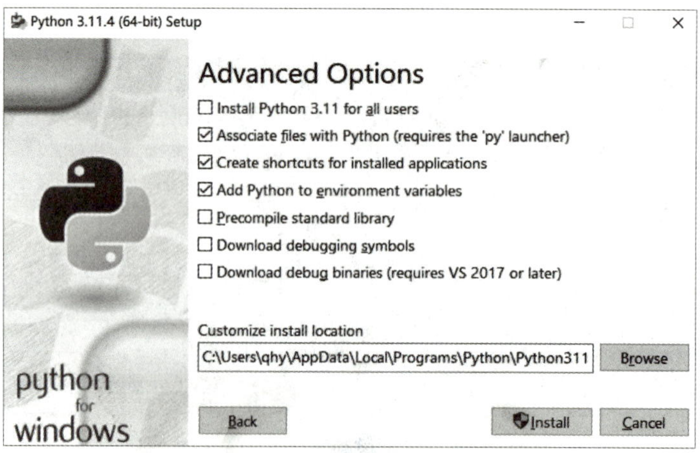

图 1-3　Python 高级选项界面

（4）在图 1-3 中可以根据需要修改安装路径，然后单击 Install 按钮，即可进入安装过程。安装完成后进入 Setup was successful（安装成功）界面，单击 Close 按钮，完成 Python 的安装。

2. 运行 Python 程序

Python 安装完毕后，打开 Windows 系统的“开始”菜单，可以查看新安装的 Python 程序，如图 1-4 所示。

1）Python 自带的 IDLE 开发工具

运行 Python 程序有两种方式：交互式和文件式。交互式是指 Python 解释器即时响应用户输入的每条代码，给出输出结果，输入一条代码就执行一条代码。交互式适合初学者调试少量代码。文件式是指用户将 Python 程序写在 .py 文件中，然后启动 Python 解释器一次性执行代码，即批量执行文件中的所有代码。文件式是最常用的编程方式。IDLE（integrated development and learning environment，集成开发和学习环境）包含交互式和文件式两种方式，具有两种主要的窗口类型：Shell 窗口和编辑器窗口。每个编辑器窗口都有自己的顶级菜单，IDLE 菜单根据当前选择的窗口动态更改。

在如图 1-4 所示的程序列表中选择“IDLE（Python 3.11 64-bit)”程序，打开 IDLE shell 窗口，进入 IDLE 交互式环境。在 IDLE 交互式环境中执行 Python 语句，如图 1-5 所示。

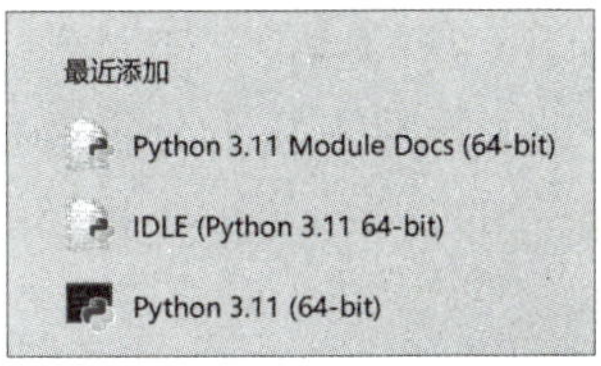

图 1-4　查看 Python 程序

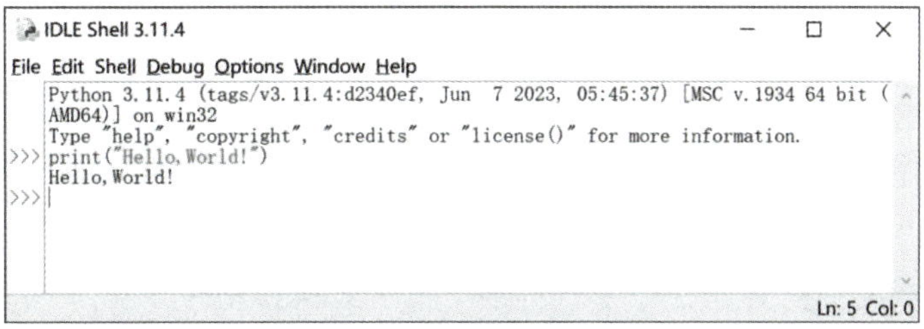

图 1-5　在 IDLE 交互式环境中执行 Python 语句

文件式操作方法是打开 IDLE Shell 窗口，在 IDLE Shell 窗口中选择“File”菜单的“New File”命令（按快捷键 Ctrl+N），打开 Python 程序编辑器窗口。在 Python 程序编辑器窗口中输入程序代码，选择“File”菜单的“Save”命令（按快捷键 Ctrl+S），将代码保存成 Python 程序文件，此处保存到 D 盘，文件名为 example1.py，如图 1-6 所示。

在 Python 程序编辑器窗口中选择“Run”菜单的“Run Module”命令（按功能键 F5），程序运行结果将直接显示在 IDLE Shell 窗口，如图 1-7 所示。

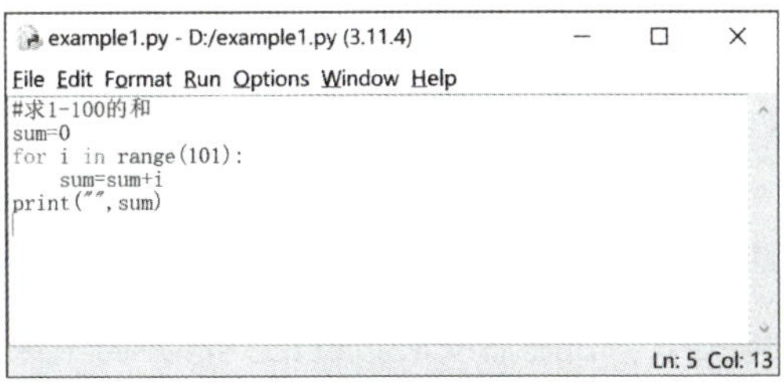

图 1-6　Python 程序编辑器窗口的 example1.py 文件

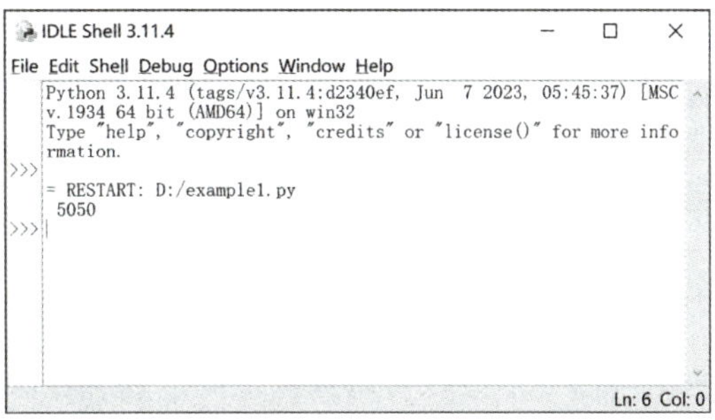

图 1-7　在 IDLE Shell 窗口显示程序运行结果

在 IDLE Shell 窗口中选择“File”菜单的“Open”命令，在随后出现的“打开”对话框中选择 example1.py 文件，单击“打开”按钮，即可打开 Python 程序编辑器窗口来修改程序代码。

2）选择“Python 3.11（64-bit）”程序，交互式运行 Python 程序

在如图 1-4 所示的程序列表中选择“Python 3.11（64-bit）”程序，可以打开 Python 命令式交互环境，如图 1-8 所示，在命令提示符（>>>）后可以输入程序代码。

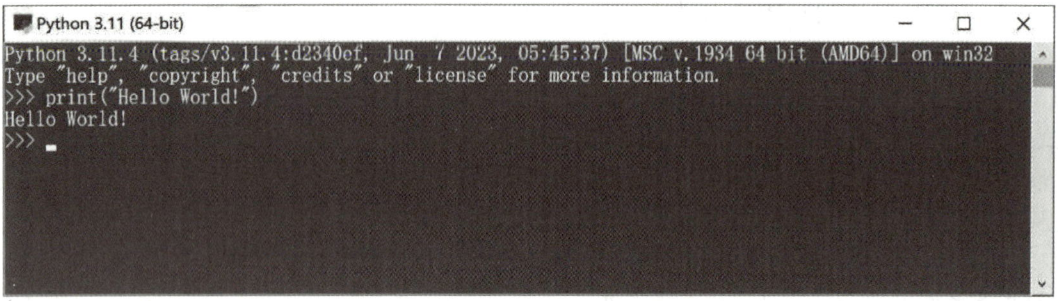

图 1-8　Python 命令式交互环境

1.3.2　Python 集成开发环境的安装

Python 集成开发环境（intergrated development environment，IDE）的简称为 Python IDE，这是一系列开发工具的组合套装。Python 集成开发环境提供了功能丰富的插件、工具等，能够帮助开发人员快速进行应用程序开发，因此选择合适的 Python 开发工具十分重要。Python 集成开发环境有多种选择，其中 Python IDLE 是 Python 自带的、默认的入门级编程工具。常用的 Python 集成开发环境有 PyCharm 和 Anaconda 等。

在众多 Python 集成开发环境中，Anaconda 是基于 Conda（开源的软件包管理和环境管理系统）的 Python 数据科学和机器学习开发平台，它将很多实用的工具整合在一起，其中包含大规模数据处理、预测分析和科学计算的包及其支持模块，是一个开源的 Python 发行版本。下面以 Anaconda 为例介绍 Python 集成开发环境的安装与使用。

Anaconda 在 Windows、macOS 和 Linux 系统平台上均可安装。打开 Anaconda 官方网站（网址 https://www.anaconda.com/），根据自己的需要下载匹配操作系统的 Anaconda 安装包。这里以下载 Windows 平台的安装程序 Anaconda3-2023.07-2-Windows-x86_64.exe 为例介绍其安装过程。

双击 Anaconda 安装程序 Anaconda3-2023.07-2-Windows-x86_64.exe 进行安装，出现如图 1-9 所示的安装欢迎界面。

安装过程中，在依次出现的对话框中单击 Next 按钮，在“License Agreement”（许可协议）界面选择“I Agree”选项，在后面如图 1-10 所示的选择安装类型界面中建议选择“Just Me（recommended）”单选按钮。

在接下来的安装过程中，当出现如图 1-11 所示的选择安装位置界面时，可以根据用户自身需要更改安装位置，也可以安装在默认文件夹中。在之后安装过程的其他界面中保持默认设置。

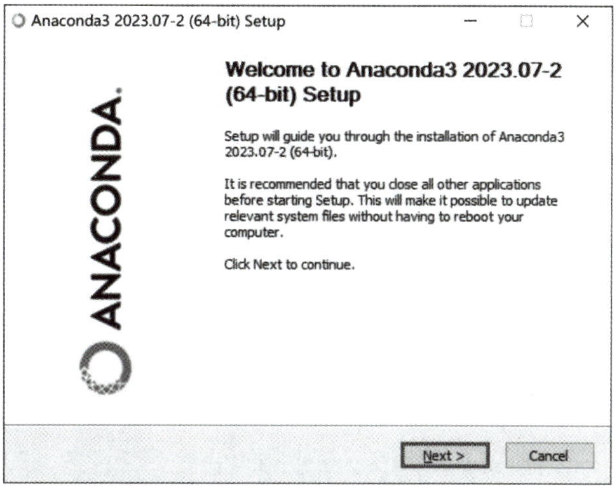

图 1-9　Anaconda 安装欢迎界面

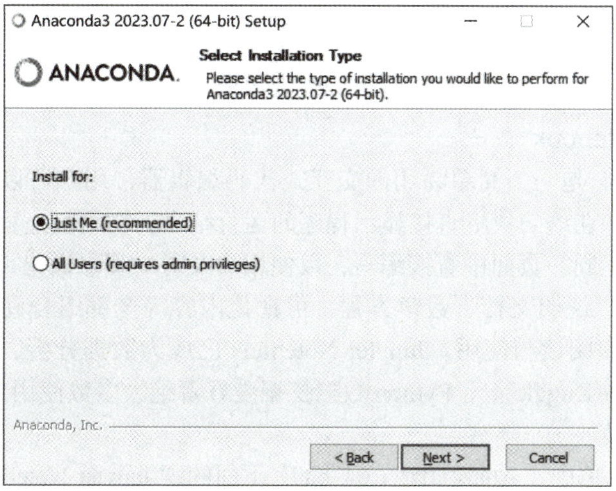

图 1-10　Anaconda 选择安装类型界面

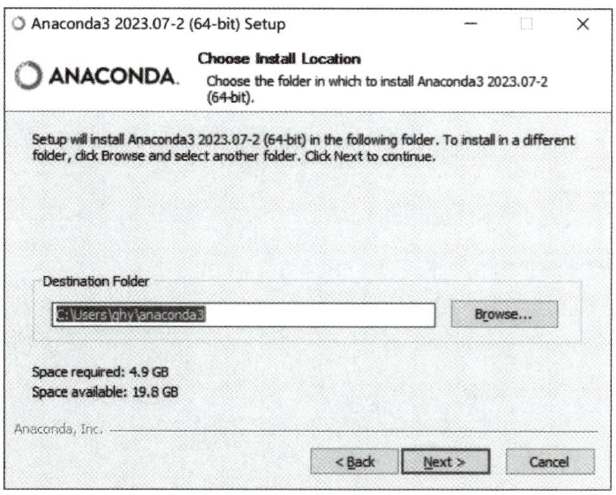

图 1-11　Anaconda 选择安装位置界面

安装完毕后，启动 Anaconda，显示 Anaconda Navigator 窗口，如图 1-12 所示，其中已默认安装多种 Python 开发工具，如 Jupyter Notebook 和 Spyder 等。

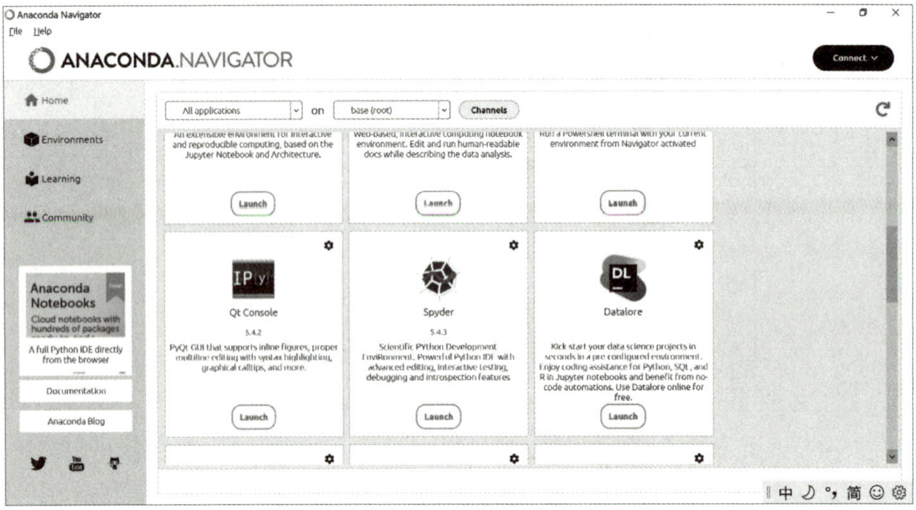

图 1-12 Anaconda Navigator 窗口

1. Jupyter Notebook

Jupyter Notebook 是一个简单易用的交互式代码编辑器，用户可以在网页中直接编写和运行程序代码，并在语句块下直接显示程序的运行结果。在编程过程中，如果需要编写说明文档，也可以在同一页面中直接编写，以便用户及时对程序做出说明和解释。Jupyter Notebook 可将程序、说明文档、数学方程、可视化内容等全部组合到一个可以分享的文档中，方便其他用户阅读与使用。Jupyter Notebook 已成为数据分析、机器学习的必备工具，在数据挖掘平台 Kaggle 上，Python 数据挖掘爱好者绝大多数使用 Jupyter Notebook 来实现数据分析和建模。

选择“开始”菜单中“Anaconda3（64-bit）”下面的“Jupyter Notebook”程序，即可启动 Jupyter Notebook，随后网页浏览器进入 Jupyter Notebook 初始页面，如图 1-13 所示。

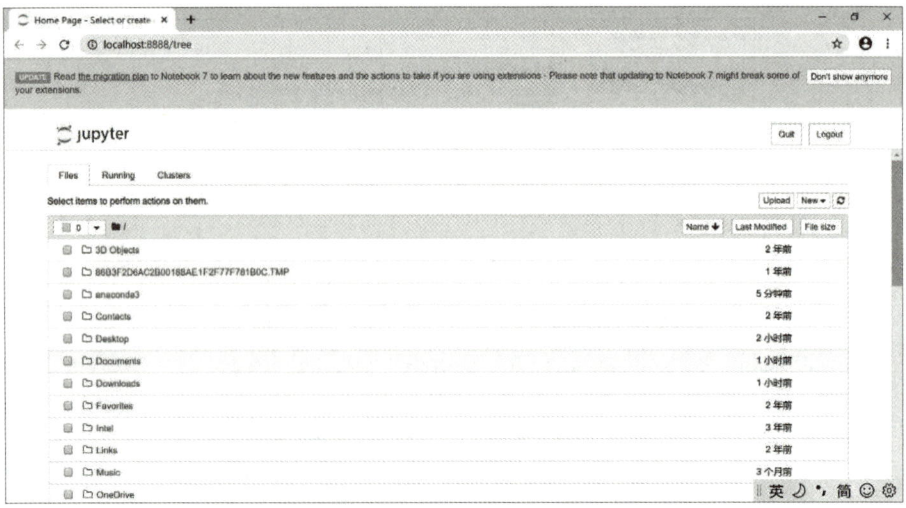

图 1-13 Jupyter Notebook 初始页面

初始页面下显示的所有文件夹为计算机用户目录下的文件夹，也是 Jupyter Notebook 启动时的默认目录。

单击目录列表右上角的 “New” 下拉按钮，在下拉列表中可以选择创建新的 Notebook、Text File、Folder 或 Terminal，如图 1–14 所示。

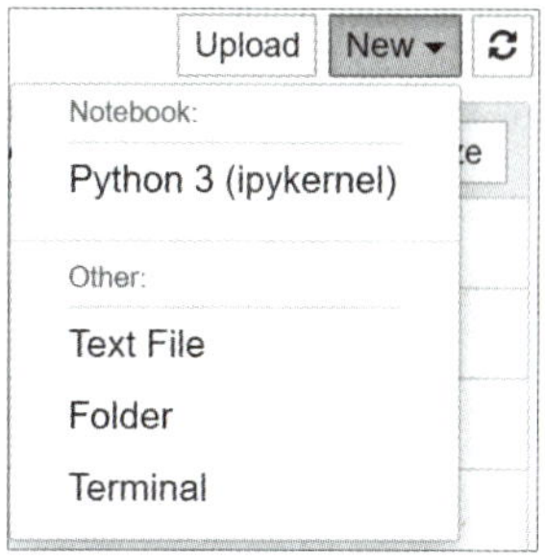

图 1–14　选择创建新的 Notebook、Text File、Folder 或 Terminal

其中，Notebook 界面由单元格组成，在可编辑状态下，在每个单元格中可以输入代码或者说明文档。默认为输入代码，即单元格上方工具栏的列表框中显示 “代码”，如图 1–15 所示。

在单元格中输入一个示例程序后，单击单元格上方工具栏的 “运行” 按钮，即可在单元格下方显示程序运行结果，如图 1–16 所示。

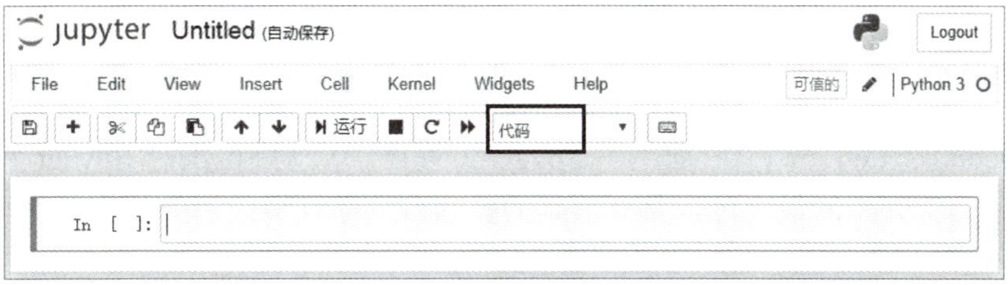

图 1–15　默认为输入代码

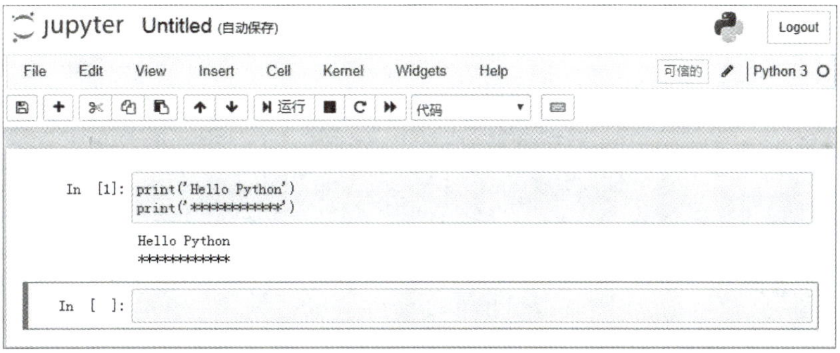

图 1–16　显示程序运行结果

如果需要加入文本内容，可以在单元格上方工具栏的列表框中将当前格式转换为 Markdown，如图 1–17 所示。

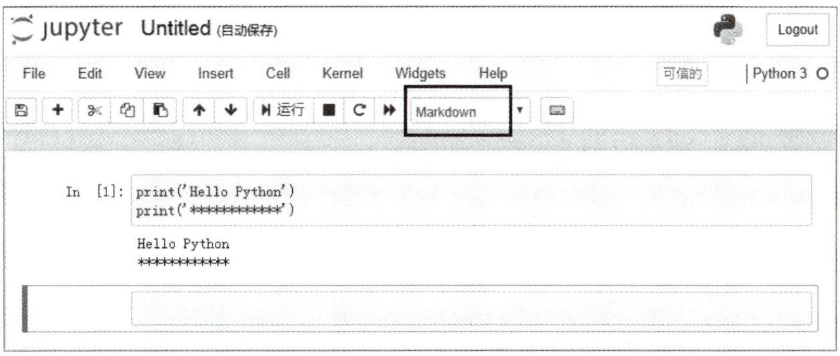

图 1–17　选择 Markdown 格式

在单元格中输入文本内容，通过上、下箭头移动单元格的位置，将其置于示例程序之前，并单击“运行”按钮，即可得到如图 1-18 所示的结果。

图 1-18 在示例程序中输入文本内容并显示结果

2. Spyder

Spyder 是 Anaconda Navigator 中另一个常用的可视化集成开发环境。选择“开始”菜单中“Anaconda3（64-bit）”下面的“Spyder”程序，启动 Spyder。Spyder 工作界面如图 1-19 所示。Spyder 的最大优点是有更好的控制台，提供了很多窗格和工作空间，可以显示变量，用户可以方便地观察和修改变量的值。

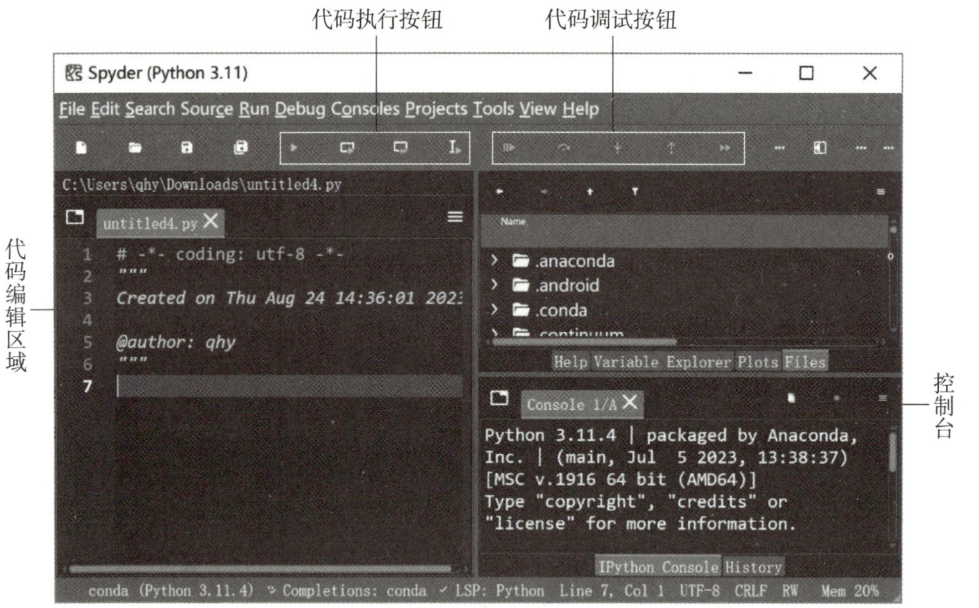

图 1-19 Spyder 工作界面

Spyder 工作界面主要由以下几个部分组成。

（1）代码编辑区域。代码编辑区域用于编写整块的代码。

（2）代码执行按钮。编写完成代码后，单击相应的按钮即可执行代码。

（3）控制台。控制台用于显示代码的执行结果。单行代码也可以在控制台中执行。

（4）代码调试按钮。在代码调试过程中，单击相应的调试按钮，可以运行代码编辑区域的代码，在 Variable Explorer 窗格中可以查看变量的值。

习　题　1

1. 单选题

（1）以下不属于 Python 语言的特点的是________。

A. 免费开源　　　　　　　　　　　　B. 可移植

C. 不可扩展　　　　　　　　　　　　D. 包含丰富的库

（2）以下关于 Anaconda 的描述，不正确的是________。

A. Anaconda 是一种 Python 集成开发环境

B. Anaconda 是一种大型的科学计算平台

C. Anaconda 包含大量的科学包，但都需要安装后才能使用

D. 利用 Anaconda 能够方便、快捷地对程序包进行管理和部署

2. 简述题

（1）Python 2.x 和 Python 3.x 两个版本的主要区别是什么？

（2）Python 的应用领域有哪些？

（3）Anaconda 集成开发环境的优点有哪些？

3. 编程题

（1）安装 Anaconda 的 Python 集成开发环境，并在 Spyder 中编写一个打印程序。

（2）编写 Python 程序，计算 1+2+3+4+...+10 的值。

▲习题参考答案

上机实验 1

1. 实验目的及要求

（1）了解在命令行方式下编写并运行 Python 程序的方法。

（2）熟悉在 IDLE 方式下编写并运行 Python 程序的方法。

（3）掌握在 Jupyter Notebook 方式下编写并运行 Python 程序的方法。

（4）掌握在 Spyder 方式下编写并运行 Python 程序的方法。

2. 实验案例

案例 1　在命令行方式下编写并运行 Python 程序。

实验步骤

（1）打开命令行窗口。在“开始”菜单中选择“ Python 3.11（64-bit)”程序，打开命令式交互环境，即可启动 Python 解释器。

（2）运行程序。在命令提示符（>>>）后输入命令 print(1*2*3*4*5) 并按回车键，即可计算 1×2×3×4×5 的值，并显示计算结果，如图 1-20 所示。

图 1-20　在 Python 解释器中输入命令并运行

案例 2　在 IDLE 方式下编写并运行 Python 程序。

实验步骤

（1）启动 Python 的 IDLE Shell 窗口。在“开始”菜单中选择“IDLE(Python 3.11 64-bit)”程序，启动 IDLE Shell 窗口，在这个窗口中可以用命令行方式输入程序，也可以通过生成文件方式运行程序。此处采用第二种方式。

（2）创建程序文件。在 IDLE Shell 窗口中选择“File”菜单的“New File”命令，即可打开 Python 程序编辑器窗口，在 Python 程序编辑器中输入如图 1-21（a）所示的代码。

（3）选择“File”菜单的“Save”命令，保存文件，设置文件名为 ch1_1.py。然后选择“Run”菜单的“Run Module”命令，在 IDLE Shell 窗口显示运行结果，如图 1-21(b) 所示。

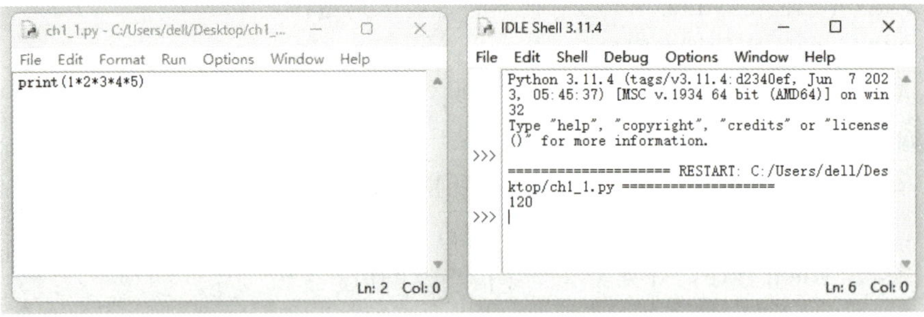

（a）　　　　　　　　（b）

图 1-21　在 IDLE 方式下编写并运行 Python 程序

案例 3　在 Jupyter Notebook 方式下编写并运行 Python 程序。

实验步骤

（1）启动 Anaconda3（64-bit）的 Jupyter Notebook 窗口。在“开始”菜单中选择“Anaconda3（64-bit)”下面的“Jupyter Notebook”程序，启动 Jupyter Notebook 窗口。

（2）创建程序文件。在 Jupyter Notebook 初始页面中单击目录列表上方的“New”下拉按钮，在下拉列表中选择创建新的 Notebook，即可打开 Notebook 界面。在单元格中输入代码 print(1*2*3*4*5)，单击单元格上方工具栏的“运行”按钮，即可在单元格下方显示程序运行结果，如图 1-22 所示。

图 1-22　在 Notebook 界面的单元格中编写并运行 Python 程序

案例 4　在 Spyder 方式下编写并运行 Python 程序。

实验步骤

（1）启动 Anaconda3（64-bit）的 Spyder 窗口。在“开始”菜单中选择“Anaconda3（64-bit)”下面的“Spyder”程序，启动 Spyder 窗口。

（2）创建程序文件。选择“File”菜单的“New File”命令，创建新的文件，即可打开 Spyder 编辑器，在编辑器中输入代码 print(1*2*3*4*5)，单击上方工具栏的运行按钮，即可在 Console 窗格显示运行结果，如图 1-23 所示。

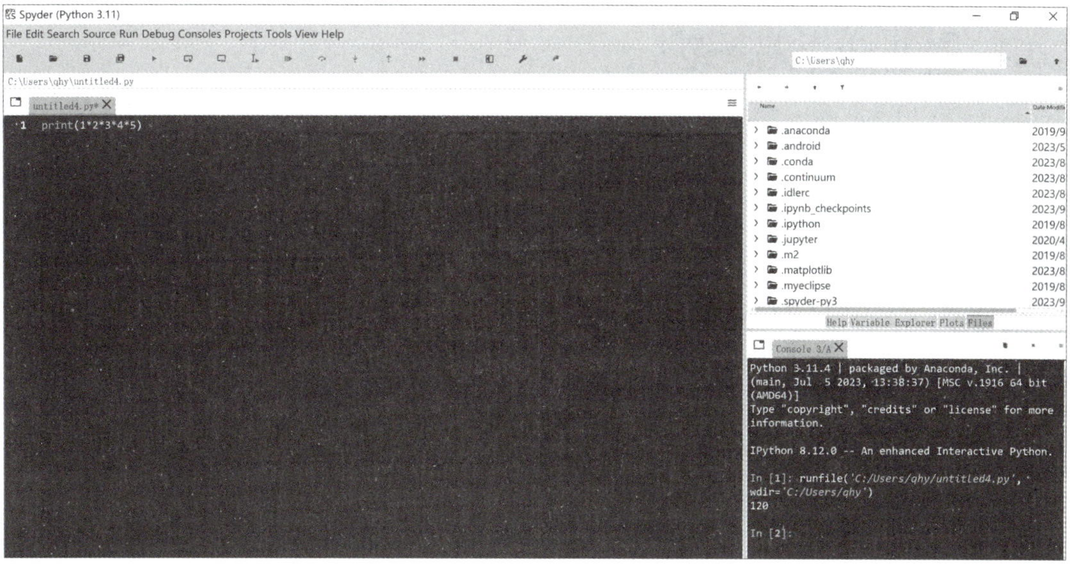

图 1-23　在 Spyder 编辑器编写程序并运行 Python 程序

第 2 章 Python 编程基础知识

2.1 Python 书写规范

在编写 Python 代码时，为了增强代码的可读性、规范性、美观性和稳定性，最终提升代码的阅读、开发、维护和协作效率，需要遵守 Python 语法的书写规范。编写符合规范的程序是保证程序正确运行的前提。Python 的基本书写规范包括以下几点。

▲编程语言写作规范：严谨审慎

1. 行末不加字符

通常在一行书写一条 Python 语句，语句的末尾不需要添加其他特定字符，而是通过按回车键代表一条语句结束。

例 2-1 语句末尾不加字符。

```
Num1=10
Num2=20
print(Num1+Num2)
```

程序运行结果如下：

```
30
```

在该示例中共有 3 行代码，表示该程序包含 3 条程序语句。

2. 过长语句分行书写

若程序语句过长，为了便于阅读，可通过使用换行符“\”跨越多行书写 Python 语句。在语句中需要换行处添加反斜杠“\”作为换行符，之后按回车键，即可完成过长语句的分行书写。

例 2-2 分行书写过长的语句。

```
Score=[10,20,30,40,\
50,60,70,\
80,90]
print(Score)
```

该代码等价于：

```
Score=[10,20,30,40,50,60,70,80,90]
print(Score)
```

3. 代码缩进

不同于多数编程语言使用花括号表示代码层级，Python 直接通过缩进来组织代码，显示代码块之间的逻辑关系。具有相同缩进的代码处在同一层级下。代码缩进时每一层级的空格数必须统一，否则会导致语法错误。Python 中推荐每一层级使用 4 个空格进行缩进。

例 2-3 代码缩进。

```
age=66
if age>=60:
    price=0
print(price)
```

其中，price=0 是 if age>=60 的内部结构，因此需要在 price=0 这条语句前使用空格缩进，从而体现程序的层级结构。

4. 代码注释

注释的功能是在程序中对某些代码标注文字说明，添加注释可增强程序的可读性。Python 中提供了两种注释方式。

1）单行注释

单行注释使用“#”开头，“#”后的文字起到解释和说明的作用，在程序运行过程中注释语句不会被执行。建议在“#”后先添加一个空格，再添加相应的注释文字。注释可以在代码行后添加，也可以单独占用一行。

例 2-4 单行注释。

```
age=66
# 判断年龄是否大于或等于 60 岁
if age>=60:
    price=0
print(price)            # 输出该年龄需要支付的票价
```

2）多行注释

如果需要添加的注释信息较多，无法在一行显示，可使用多行注释。多行注释以 3 个连续的单引号或双引号开头和结尾。

例 2-5 多行注释。

```
def get_temperature():
    '''函数功能在于模拟温度的处理过程
    无须接收参数，通常用于采集数据
    简单起见，模拟返回获取的温度 '''
    return 26
print(get_temperature())
```

2.2 标识符和关键字

在 Python 中使用一个对象时，需要知道其名称。标识符是为变量、常量、函数、类等对象指定的名称。

标识符的命名需遵循以下规则。

1. 由字母、数字和下划线组成

标识符的第一个字符必须是字母或下划线，不能以数字开头，且不能使用除字母、数字和下划线以外的其他特殊字符（如空格、%、*、@、# 及 $ 等）。例如，name_1 为合法的标识符，而 1_name 或 name#1 则为不合法的标识符。

2. 严格区分大小写

标识符中的字母即使是两个同样的单词，但大小写格式不同，代表的对象也不同。例如，Number 和 number 是两个不同的标识符。

3. 不能使用关键字

Python 关键字是指 Python 内部已经被定义且具有特定用途的词语，通过导入 keyword 模块，可以获取 Python 中所有的关键字，如例 2-6 所示。

例 2-6 输出 Python 所有的关键字。

```
import keyword
print(keyword.kwlist)
```

程序运行结果如下：

```
['False','None','True','and','as','assert','async','await','break','class',
'continue','def','del','elif','else','except','finally','for','from','global',
'if','import','in','is','lambda','nonlocal','not','or','pass','raise','return',
'try','while','with','yield']
```

Python 关键字共有 35 个，全部采用英文字母表示。标识符不能和 Python 中的关键字相同，否则程序运行时会出现错误。例如，循环结构关键字 for 不能作为标识符。

4. 见名知意

标识符的命名应清晰地表示标识符的含义，从而提高代码的可读性。例如，年龄可用 age 表示，身高可用 height 表示。

2.3 变量和基本数据类型

2.3.1 变量

在程序中创建一个变量后，编译系统会给该变量分配相应的存储单元来存储数据，其存储的值在程序运行过程中可以发生改变，因此称这个量为变量。Python 中无须事先声明

变量名及其数据类型，在赋值的同时可以确定变量的类型。赋值通过等号表示，其一般形式如下：

```
变量名 = 变量值
```

例 2-7　变量赋值。

```
message='Hello Python!'
ID=100
price=2.8
print(message)
print(ID)
print(price)
```

程序运行结果如下：

```
Hello Python!
100
2.8
```

其中，message、ID、price 均为变量名，并且给这 3 个变量分别赋值字符串 'Hello Python!'、整数 100 和小数 2.8。

如果希望查看变量的类型，可以调用 type( ) 函数，并调用 print( ) 函数输出结果。

例 2-8　给变量重新赋值并查看其类型。

```
message='Hello world'
ID=50
price=0.1
print(message)
print(ID)
print(price)
print(type(message))
print(type(ID))
print(type(price))
```

程序运行结果如下：

```
Hello world
50
0.1
<class 'str'>
<class 'int'>
<class 'float'>
```

可见，在程序中可以修改变量的值，并且 Python 始终记录变量的最新值。

2.3.2 基本数据类型

▲火箭坠落事故

1. 整型

整型是指表示整数的数据类型。例如，50、2023 都是整型数据。Python 中整型数据的取值范围，与机器支持的内存大小相关。

无论数值大小，在 Python 中均使用 int 类型存储整型数据。

2. 浮点型

浮点型是指表示小数的数据类型。在 Python 中使用 float 类型存储浮点型数据。例如，1.23、3.14 都是浮点型数据。Python 中浮点型的默认精度为小数点后 16 位。

当浮点数的数值特别小或特别大时，Python 会使用科学记数法的形式表示。

例 2-9 浮点数用科学记数法表示。

```
a=0.00000000005
print(a)
```

程序运行结果如下：

```
5e-11
```

其中，e 表示底为 10 的指数函数，5e-11 等同于 5×10^{-11}。

3. 布尔型

布尔型又称逻辑型，是指只有真值或假值的数据类型，即取值只能是 1 或 0。在 Python 中使用 bool 类型存储布尔型数据。布尔型是逻辑代数（或称布尔代数）的研究对象，在研究某个对象或命题的真和假时分别用关键字 True 和 False 表示。

布尔值 True 和 False 也可以用整数 1 和 0 代替。

表 2-1 中所有对象的布尔值均为 False。

表 2-1 布尔值为 False 的对象

对　象	含　义
None	空值
False	布尔型
0	整型 0
0L	长整型 0
0.0	浮点型 0
0.0+0.0j	复数 0
''	空字符串
[]	空列表
()	空元组
{}	空字典

除了以上对象之外的其他所有对象，其布尔值均为 True。

2.3.3 数据类型转换

不同类型的数据之间可以进行转换。如表 2-2 所示为 Python 提供的数据类型转换函数，利用它们可以实现数据类型之间的转换。

表 2-2 数据类型转换函数

函　　数	描　　述
int(x)	将 *x* 转换为整型
float(x)	将 *x* 转换为浮点型
bool(x)	将 *x* 转换为布尔型

例 2-10 数据类型转换。

```
a1=5.6
a2=int(a1)          #将浮点型 a1 转换为整型 a2
b1=8
b2=float(b1)        #将整型 b1 转换为浮点型 b2
c1=100
c2=bool(c1)         #将整型 c1 转换为布尔型 c2
print(a2,type(a2))
print(b2,type(b2))
print(c2,type(c2))
```

程序运行结果如下：

```
5 <class 'int'>
8.0 <class 'float'>
True <class 'bool'>
```

其中，将浮点型小数 5.6 转换为整型时，Python 会截断小数点后的数据，而不是四舍五入。

2.4 运算符

程序语言中参与运算的数据称为操作数，表示运算的符号称为运算符。由运算符、操作数和圆括号按照一定规则构成的代码片段称为表达式。例如，在加法运算 2+6 中，2 和 6 称为操作数，“+”称为运算符，2+6 称为表达式。

2.4.1 算术运算符

算术运算符是指用来进行数学计算的符号。Python 中的算术运算符如表 2-3 所示（以 a=5，b=2 为例）。

表 2-3　算术运算符

运 算 符	描　　述	示　　例
+	加：两个对象相加	a+b，结果是 7
-	减：两个对象相减	a-b，结果是 3
*	乘：两个数相乘或返回一个重复若干次的字符串	a*b，结果是 10
/	除：*a* 除以 *b*	a/b，结果是 2.5
%	取余：返回除法的余数	a%b，结果是 1
**	幂：返回 *a* 的 *b* 次幂	a**b，结果是 25
//	整除：返回商的整数部分	a//b，结果是 2

▲金融计算精度悲剧

在使用算术运算符时，需要注意以下几点。

1. 加法、减法、乘法运算符

如果加法、减法和乘法运算符两边的操作数包含浮点数，则返回的运算结果为浮点型。

例 2-11　整型与浮点型的加减运算。

```
print(2+6.0)
print(8-3.0)
```

程序运行结果如下：

```
8.0
5.0
```

2. 除法运算符

无论两个操作数的除法运算是否能除尽，以及两个操作数的类型是不是整型或浮点型，除法运算的结果均为浮点型。

例 2-12　除法运算的结果均为浮点型。

```
print(8/2)
print(10/3)
```

程序运行结果如下：

```
4.0
3.3333333333333335
```

3. 整除运算符

整除运算符具有向下取整的特点，即所取整数小于除法运算实际的结果。

例 2-13　整除运算向下取整。

```
print(9//2)
print(10//-3)
print(-15//7)
```

程序运行结果如下：

```
4
-4
-3
```

2.4.2　赋值运算符

基本的赋值运算符是“=”，其作用是将运算符“=”右边的值或计算结果赋给运算符左边的变量。例如，result=2+6，是把 2+6 的计算结果赋值给变量 result，变量 result 的值为 8。

如果给多个变量赋同一个值，可通过以下方式完成。

例 2-14　给多个变量赋同一个值。

```
a=b=c=100
print(a)
print(b)
print(c)
```

程序运行结果如下：

```
100
100
100
```

上述代码中，数值 100 被赋值给 a、b、c 三个变量。

如果将多个值采用一条赋值语句赋给多个变量，可通过以下方式完成。

例 2-15　将多个值赋给多个变量。

```
x,y,z=1,2,3
print(x)
print(y)
print(z)
```

程序运行结果如下：

```
1
2
3
```

上述代码中，数值 1、2、3 按照前后顺序分别赋给对应的变量 x、y、z。

2.4.3　复合赋值运算符

复合赋值运算符由算术运算符和赋值运算符组合而成，将二者的功能进行合并。

表 2-4 中列举了 Python 中的复合赋值运算符。

表 2-4　复合赋值运算符

运　算　符	描　　述	示　　例
+=	加法赋值运算符	b+=a，等效于 b=b+a
-=	减法赋值运算符	b-=a，等效于 b=b-a
*=	乘法赋值运算符	b*=a，等效于 b=b*a
/=	除法赋值运算符	b/=a，等效于 b=b/a
%=	取余赋值运算符	b%=a，等效于 b=b%a
**=	幂赋值运算符	b**=a，等效于 b=b**a
//=	整除赋值运算符	b//=a，等效于 b=b//a

例 2-16　复合赋值运算符。

```
a=6
b=2
# 加法赋值运算
a+=b
print('a+=b 的结果为',a)
# 减法赋值运算
a-=b
print('a-=b 的结果为',a)
# 乘法赋值运算
a*=b
print('a*=b 的结果为',a)
# 除法赋值运算
a/=b
print('a/=b 的结果为',a)
# 取余赋值运算
a=11
b=3
a%=b
print('a%=b 的结果为',a)
# 幂赋值运算
a**=b
print('a**=b 的结果为',a)
# 整除赋值运算
a//=b
print('a//=b 的结果为',a)
```

程序运行结果如下：

```
a+=b 的结果为 8
a-=b 的结果为 6
a*=b 的结果为 12
a/=b 的结果为 6.0
a%=b 的结果为 2
a**=b 的结果为 8
a//=b 的结果为 2
```

2.4.4　比较运算符

比较运算符用于对两个对象进行大小或真假的比较，其运算结果为 True 或 False，即条件成立时结果为 True，条件不成立时结果为 False。常见的比较运算符如表 2-5 所示（以 a=8，b=2 为例）。

表 2-5　常见的比较运算符

运 算 符	描　　述	示　　例
>	大于：比较 a 是否大于 b	a>b，返回 True
<	小于：比较 a 是否小于 b	a<b，返回 False
>=	大于或等于：比较 a 是否大于或等于 b	a>=b，返回 True
<=	小于或等于：比较 a 是否小于或等于 b	a<=b，返回 False
==	等于：比较两个对象是否相等	a==b，返回 False
!=	不等于：比较两个对象是否不相等	a!=b，返回 True

例 2-17　比较运算符。

```
a=10
b=20
# 比较 a 是否大于 b
print('a>b 的结果为',a>b)
# 比较 a 是否小于 b
print('a<b 的结果为',a<b)
# 比较 a 是否大于或等于 b
print('a>=b 的结果为',a>=b)
# 比较 a 是否小于或等于 b
print('a<=b 的结果为',a<=b)
# 比较 a 是否等于 b
print('a==b 的结果为',a==b)
```

```
# 比较 a 是否不等于 b
print('a!=b 的结果为',a!=b)
```

程序运行结果如下：

```
a>b 的结果为 False
a<b 的结果为 True
a>=b 的结果为 False
a<=b 的结果为 True
a==b 的结果为 False
a!=b 的结果为 True
```

2.4.5 逻辑运算符

逻辑运算符用来表示“并且”“或者”“非”等意思，通常用于组合条件语句。表 2-6 列出了 Python 中的逻辑运算符（以 a=9，b=2 为例）。

表 2-6 逻辑运算符

运算符	逻辑表达式	描 述	示 例
and	a and b	逻辑“与”：若对象 a 为 False，则 a and b 返回 False；否则，返回对象 b 的值	a and b，返回 2
or	a or b	逻辑“或”：若对象 a 为非 0，则 a or b 返回对象 a 的值；否则，返回对象 b 的值	a or b，返回 9
not	not a	逻辑“非”：若对象 a 为 True，则返回 False；若对象 a 为 False，则返回 True	not a，返回 False

逻辑运算符的运算原理等同于数学中的逻辑运算，当操作数为表达式时，逻辑运算符的运算规则如表 2-7 所示。

表 2-7 逻辑运算符的运算规则

表达式 a 的值	表达式 b 的值	a and b	a or b	not a
True	True	True	True	False
True	False	False	True	False
False	True	False	True	True
False	False	False	False	True

例 2-18 逻辑运算符。

```
a=2
b=0
c=3
```

```
print('a and c 的结果为',a and c)
print('b and c 的结果为',b and c)
print('a and b 的结果为',a and b)
print('********************')
print('a or c 的结果为',a or c)
print('b or c 的结果为',b or c)
print('a or b 的结果为',a or b)
print('********************')
print('not a 的结果为',not a)
print('not b 的结果为',not b)
```

程序运行结果如下：

```
a and c 的结果为 3
b and c 的结果为 0
a and b 的结果为 0
********************
a or c 的结果为 2
b or c 的结果为 3
a or b 的结果为 2
********************
not a 的结果为 False
not b 的结果为 True
```

由上述代码可见，当逻辑与和逻辑或运算符两侧的操作数不是布尔型数据时，运行结果按照表 2-6 的描述得到相应的数值结果。当操作数是布尔型数据时，按照表 2-7 的运算规则得到逻辑运算的结果。

2.4.6 运算符优先级

当多个运算符出现在同一个表达式中时，需要根据运算符优先级的顺序决定表达式中运算的执行顺序。同一级别下的运算符按照从左到右的顺序进行计算。如果表达式中出现括号，则括号为最高优先级。表 2-8 从高到低列出了运算符优先级。

表 2-8 运算符优先级

运 算 符	描 述
**	幂（最高优先级）
* / % //	乘、除、取余、整除
+ -	加、减
<= < > >=	小于或等于、小于、大于、大于或等于

续表

运 算 符	描 述
== !=	等于、不等于
= %= /= //= -= += *= **=	赋值运算符
not	逻辑“非”
and	逻辑“与”
or	逻辑“或”

在算术运算符中，幂运算的优先级最高，其次是乘、除、取余与整除运算符，加、减运算符的优先级最低。因此，当多个不同的算术运算符出现在同一个表达式中时，会先计算幂运算，再计算乘、除运算，最后计算加、减运算。

例 2-19 算术运算符的优先级。

```
# 幂运算高于乘运算
result1=3*3**2
print('result1 的结果为',result1)
# 幂运算高于除运算
result2=16/2**2
print('result2 的结果为',result2)
# 幂运算高于取余运算
result3=11%2**2
print('result3 的结果为',result3)
# 整除运算高于加运算
result4=3+2//2
print('result4 的结果为',result4)
```

程序运行结果如下：

```
result1 的结果为 27
result2 的结果为 4.0
result3 的结果为 3
result4 的结果为 4
```

逻辑运算符中，非运算的优先级最高，其次是与运算，最后是或运算。因此，当 3 种逻辑运算符出现在同一个表达式中时，先计算非运算，再计算与运算，最后计算或运算。

例 2-20 逻辑运算符的优先级。

```
# 非运算高于与运算
result1=True and not True
print('result1 的结果为',result1)
```

```
# 非运算高于或运算
result2=False or not False
print('result2 的结果为',result2)
# 与运算高于或运算
result3=False or True and True
print('result3 的结果为',result3)
```

程序运行结果如下：

```
result1 的结果为 False
result2 的结果为 True
result3 的结果为 True
```

在不同类别的运算符之间，优先级从高到低的顺序为算术运算符 > 比较运算符 > 赋值运算符 > 逻辑运算符。

例 2-21　混合运算符的优先级。

```
# 算术运算高于比较运算
result1=8>3+5
print('result1 的结果为',result1)
result2=6!=5-2
print('result2 的结果为',result2)
# 比较运算高于逻辑运算
result3=not 8<9
print('result3 的结果为',result3)
result4=False or 8>6
print('result4 的结果为',result4)
```

程序运行结果如下：

```
result1 的结果为 False
result2 的结果为 True
result3 的结果为 False
result4 的结果为 True
```

使用括号会改变运算符优先级的顺序。括号内的运算符的优先级即使低于括号外的运算符，仍然会先计算括号内的运算。

例 2-22　括号的优先级。

```
result=(3*(1+(2<6)))**2
print('result 的结果为',result)
```

程序运行结果如下：

```
result 的结果为 36
```

2.5 数据输入与输出

输入与输出是程序中的基本操作。程序需要输入数据进行运算，而运算结果需要输出以便人们使用。

2.5.1 数据输入

Python 中使用 input( ) 函数获取用户输入的信息。其一般形式如下：

```
变量名 =input('提示信息')
```

例 2-23 使用 input( ) 函数输入数据。

```
name=input('请输入你的姓名:')
print('欢迎你',name)
print(type(name))
age=input('请输入你的年龄:')
print('你的年龄是',age)
print(type(age))
```

上述代码运行后，会将提示信息显示在终端，之后程序暂停运行，等待用户从键盘输入内容，并将输入的内容以字符串形式赋给变量 name 和 age，按回车键则结束输入。例如，从键盘输入 Audree 和 16，屏幕显示结果如下：

```
请输入你的姓名: Audree
欢迎你 Audree
<class 'str'>
请输入你的年龄: 16
你的年龄是 16
<class 'str'>
```

上述代码中，通过调用 type( ) 函数查看变量 name 和 age 的类型均为 str，即字符串型变量（详见第 4 章）。由此可见，无论输入的信息为文本或数字，均以字符串格式保存到变量中。

使用 input( ) 函数时需要注意以下几点。

1. 提示信息

input( ) 函数中括号内的提示信息，在开始读取用户输入的数据之前显示在终端，有助于帮助用户得知程序期望的输入。该提示信息在编写程序时也可省略，不影响函数的正常使用，省略后的形式如下：

```
变量名 =input()
```

2. 类型转换

默认情况下，input( ) 函数中的输入数据以字符串形式存储，如果需要使用数值类型，则需要结合 int()、float() 等 Python 内置函数，进行特定类型的转换。

例 2-24　在 input() 函数中输入数据后按需转换类型。

```
#将字符串转换为整型
age=int(input('请输入你的年龄:'))
print('你的年龄是',age)
print(type(age))
#将字符串转换为浮点型
height=float(input('请输入你的身高:'))
print('你的身高是',height)
print(type(height))
```

程序运行结果如下：

```
请输入你的年龄：26
你的年龄是 26
<class 'int'>
请输入你的身高：1.72
你的身高是 1.72
<class 'float'>
```

2.5.2　数据输出

Python 中使用 print() 函数将需要显示的结果打印输出。其基本形式如下：

```
print(value1,value2,...,sep='',end='\n')
```

其中，参数 value1、value2 为输出对象，可以为常量、变量、表达式、函数等，多个对象之间需要用逗号分隔；参数 sep 用于指定多个对象之间的分隔符，可省略，默认为空格；参数 end 用于设定结束输出的结尾字符，可省略，默认为换行符。

例 2-25　利用 print() 函数输出数据。

```
#输出常量
print('hello')
print(20,100,30.5)
#输出变量
a='china'
b=100
c=1.23456789
#多个对象间用逗号分隔
print(a,b,c)
print('c 的值是',c)
```

```
# 设置分隔符
print('www','university','com',sep='*')
# 设置结尾字符
print('Hello',end='~~~')
print('Python')
```

程序运行结果如下：

```
hello
20 100 30.5
china 100 1.23456789
c 的值是 1.23456789
www*university*com
Hello~~~Python
```

除了基本输出格式以外，Python 还提供了格式化输出方法，以便根据特定格式显示数据。常用的格式化符号如表 2-9 所示。

表 2-9　常用的格式化符号

格式化符号	说　明
%d	以带符号的十进制形式输出整数
%f	以小数形式输出浮点数
%s	输出字符串
%m	设置数据输出宽度
%.n	浮点数表示输出 *n* 位小数，字符串表示截取的字符个数
%-	输出的数字或字符左对齐
%0	显示的数字前填充“0”，而不是默认的空格（在右对齐的情况下）
%%	输出一个单一的百分号

例 2-26　格式化输出。

```
# 输出整数
a=100
print('a 的值为 %d'%a)
# 输出浮点数和字符串
b=1.234567
c='china'
print('b 的值为 %f,c 的值为 %s'%(b,c))
# 输出指定位数的浮点数和字符串
print('b 的值为 %.2f,c 的值为 %.3s'%(b,c))
# 指定输出宽度 ( 默认右对齐 )
print('%6d,%6s'%(a,c))
```

```
# 指定输出左对齐
print('%-6d,%-6s'%(a,c))
# 数字前填充 0，不适用于字符串
print('%06d,%06s'%(a,c))
# 输出百分号
percentage=86
print('所占比例为 %d%%'%percentage)
```

程序运行结果如下：

```
a 的值为 100
b 的值为 1.234567,c 的值为 china
b 的值为 1.23,c 的值为 chi
   100, china
100   ,china
000100, china
所占比例为 86%
```

使用格式化输出方法时需注意以下几点。

（1）数量对应。在 print( ) 函数中以 % 开头的格式化字符数量，需要与输出对象的数量相等，且按照前后顺序一一对应。多个输出对象之间需要用逗号分隔。

（2）类型对应。输出对象的数据类型需要与格式化字符的声明相同，否则会导致程序运行结果有误。

2.6 应用例题解析

例 2-27 编写程序，输入一个正方形的边长，计算并输出正方形的对角线长度，结果保留 2 位小数。

解析： 首先使用 input( ) 函数接收正方形的边长数据的输入，并将其转换为浮点型；其次使用标准库 math 中的 sqrt( ) 函数计算正方形的对角线长度，完成平方根运算；最后利用 print( ) 函数的格式化输出方式，将计算结果保留 2 位小数。

参考程序如下：

```
import math      # 在程序中导入 math 模块
side_length = float(input("请输入正方形的边长:"))
diagonal_length = math.sqrt(2)* side_length
print("正方形的对角线长度为:%.2f"%diagonal_length)
```

程序运行结果如下：

```
请输入正方形的边长: 2
正方形的对角线长度为: 2.83
```

例 2-28 编写程序，输入一位同学的高等数学、英语和计算机成绩（在 0 ～ 100 之间），计算并输出这位同学的成绩平均分，结果保留 2 位小数。

解析： 首先使用 input( ) 函数获取用户输入的高等数学、英语和计算机成绩，并将其转换为浮点型；其次计算这 3 门成绩的平均分，通过将 3 门成绩相加后除以 3 来实现；最后使用 print( ) 函数的格式化输出方式，将平均分保留 2 位小数并输出。

参考程序如下：

```
math_score = float(input("请输入高等数学成绩:"))
english_score = float(input("请输入英语成绩:"))
computer_score = float(input("请输入计算机成绩:"))
average_score =(math_score + english_score + computer_score) / 3
print("成绩平均分为:%.2f"%average_score)
```

程序运行结果如下：

```
请输入高等数学成绩: 88
请输入英语成绩: 90
请输入计算机成绩: 96
成绩平均分为: 91.33
```

例 2-29 某博物馆暑假参观游客的数量持续增长，8 月第 1 周共有 a 人参观，游客数量每周增长率为 b（$0<b<1$）。编写程序，要求用户输入游客人数和每周增长率，计算并输出 8 月第 4 周的游客人数。

解析： 首先需要利用 input( ) 函数依次输入本周的游客人数和增长率，然后利用算术运算符计算第 4 周的游客人数，并将最终结果取整后输出。

参考程序如下：

```
visitor = int(input("请输入 8 月第 1 周的游客人数:"))
growth_rate = float(input("请输入增长率:"))
new_visitor = visitor *(1 + growth_rate)**3
print("8 月第 4 周的游客人数为:",int(new_visitor))
```

程序运行结果如下：

```
请输入 8 月第 1 周的游客人数: 600
请输入增长率: 0.2
8 月第 4 周的游客人数为: 1036
```

习　题　2

1. 单选题

（1）整数 a 是一个三位数，表达式________可以将该三位数的百位上的数字提取出来。

A．a/100　　B．a%10　　C．a//100　　D．a%100

（2）以下不属于 Python 合法变量名的是________。

A．num_1　　B．1_num　　C．num1　　D．_num1

（3）以下关于 Python 算术运算符的说法中正确的是________。

A．5//2 的结果为 2.5　　B．5%2 的结果为 2

C．5/2 的结果为 2.5　　D．5**2 的结果为 10

（4）以下关于赋值语句的说法中错误的是________。

A．赋值运算符的左边可以是变量或表达式

B．赋值运算符的右边可以是变量或表达式

C．赋值语句的作用是给变量赋值

D．赋值语句是程序设计中常用的语句

2．填空题

（1）Python 语言中，not(2==3) 的结果为________。

（2）变量 *n* 的值为 4，则表达式 (2<n)and(n<6) 的值是________。

（3）运行语句 print(float(2)*4)，得到的结果为________。

3．编程题

（1）编写程序，要求用户输入自己的身高（单位：cm），将身高数值转换为以米（m）为单位并输出。

（2）编写程序，要求用户输入出发地和目的地之间的距离（单位：km），计算并输出以 60 km/h 的速度行驶所需的时间（单位：min）。

（3）编写程序，要求用户输入出版社某本畅销书当前的发行量（单位：万本），以及之后每个月发行量的增长率（在 0 ～ 1 之间），计算并输出 6 个月后该畅销书的发行量，并保留 2 位小数。

▲习题参考答案

上机实验 2

1．实验目的及要求

（1）掌握变量的命名和赋值，以及基本数据类型的应用。

（2）掌握各种运算符的作用及其优先级。

（3）掌握输入和输出函数的应用。

2．实验案例

案例 1　写出程序的运行结果：用户从键盘输入某商品的单价和数量，计算并输出商品的总价，结果保留 2 位小数。

实验步骤

（1）使用 input( ) 函数获取用户输入的商品单价和数量，并将其分别转换为浮点型和整型。

（2）根据商品单价乘以数量来计算商品的总价。

（3）使用 print( ) 函数将计算结果输出到屏幕上。

程序代码如下：

```
unit_price = float(input("请输入商品的单价:"))
quantity = float(input("请输入商品的数量:"))
total_price = unit_price * quantity
print("商品的总价为:", total_price)
```

案例 2 补充程序：用户从键盘输入一个圆的半径，计算并输出圆的周长和面积，结果保留 3 位小数。假设圆周率为 3.14159。

实验步骤

（1）使用 input( ) 函数获取用户输入的圆的半径，并将其转换为浮点型。

（2）根据圆的周长和面积计算公式，使用算术运算符进行计算。

（3）使用 print( ) 函数的格式化输出方式，将计算结果保留 3 位小数并输出到屏幕上。

程序代码如下：

```
radius = _______(input("请输入圆的半径:"))
circumference = 2 * 3.14159 * radius
area = 3.14159 * _______
print("圆的周长为:_______"%circumference)
print("圆的面积为:%.3f"%area)
```

案例 3 改进程序：用户从键盘输入一个时间（分别输入小时和分钟），计算并输出该时间经过 2 小时 30 分钟后的时间。在现有程序的基础上，将时间间隔 2 小时 30 分钟改写为用户输入的任意的时间间隔（例如 1 小时、6 小时 20 分钟等），计算并输出经过该时间间隔后的新时间。

实验步骤

（1）使用 input( ) 函数获取用户输入的小时和分钟，并将其转换为整型。

（2）将输入的小时转换为分钟并加上分钟数得到当前时间，再加上 2 小时 30 分钟，得到最终时间（分钟形式）。

（3）根据最终时间（分钟形式）计算新的小时数和分钟数。

（4）使用 print( ) 函数将计算结果输出到屏幕上。

程序代码如下：

```
hour = int(input("请输入当前的小时:"))
minute = int(input("请输入当前的分钟:"))
# 将时间转换为分钟
current_time = hour * 60 + minute
added_time = current_time + 2 * 60 + 30
# 计算小时和分钟
new_hour = added_time // 60
new_minute = added_time % 60
print("经过 2 小时 30 分钟后的时间为:",new_hour,"小时",new_minute,"分")
```

第 3 章 程序控制结构

3.1 程序的基本结构

1996 年，伯姆（Boehm）和贾可皮尼（Jacopini）证明了在程序设计中使用顺序、选择、循环 3 种控制结构就足以表达出各种其他结构。结构化程序设计通常用流程图进行描述，3 种控制结构的流程图如图 3-1 所示。

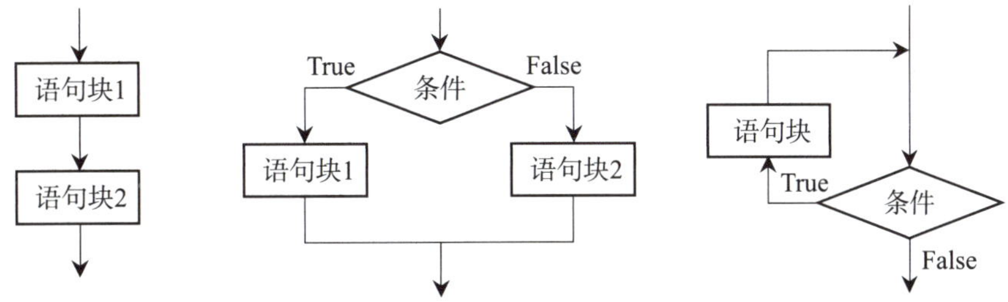

（a）顺序结构　　（b）选择结构　　（c）循环结构

图 3-1　3 种控制结构的流程图

顺序结构是按照程序语句的自然顺序，自上而下，依次执行，即先执行语句块 1，再执行语句块 2，如图 3-1（a）所示。

例 3-1 编写顺序结构的程序，计算体重指数（BMI）。

```
height = 1.75
weight = 65
temp = height**2
bmi = weight/temp
print("BMI 为:",bmi)
```

程序运行结果如下：

```
BMI 为: 21.224489795918366
```

在该程序中，先通过给变量 height、weight 赋值得到身高和体重值，然后计算身高的平方 temp 及 bmi，最后输出 bmi 的值。程序按照语句的顺序依次执行，所以该程序是顺序结构的。

选择结构又称为分支结构，根据条件表达式的值控制执行哪个分支的语句块。图 3-1（b）中列出了双分支选择结构的流程图，根据条件表达式的值为 True 或 False，选择不同的分支执行。

循环结构又称为重复结构，利用条件表达式的值控制重复执行语句块或结束循环。图 3-1（c）列出的循环结构的流程图中，当表达式的值为 True 时重复执行语句块，直到表达式的值为 False 时结束循环。

3.2 条件表达式

在选择结构和循环结构中，均需根据条件表达式的值来决定下一步的执行流程。选择结构根据条件来选择执行相应的代码，循环结构根据条件来决定是否重复执行相应的代码。

条件表达式通过计算得到返回值 True 或 False。在 Python 中，任何非零的数值、非空的数据类型都等价于 True，0 或空类型等价于 False。任何值为 True 或 False 的表达式均可作为条件表达式。

3.3 选择结构

选择结构是根据条件控制不同分支语句块的执行。根据分支的数目不同，选择结构分为单分支结构、双分支结构、多分支结构。

3.3.1 if 语句

if 语句也称为单分支结构，其语法格式如下：

```
if 条件：
    语句块
```

其中，表达式后面的冒号“:”是不可缺少的，语句块必须做相应的缩进，一般以 4 个空格为缩进单位。

单分支结构的功能是当程序运行到 if 语句时，先对条件进行判断，当判断结果为 True 时，执行语句块，否则，直接跳过 if 语句，执行之后的程序。在单分支结构中，只有一条分支执行语句，条件满足则执行，条件不满足则不执行。单分支结构的流程图如图 3-2 所示。

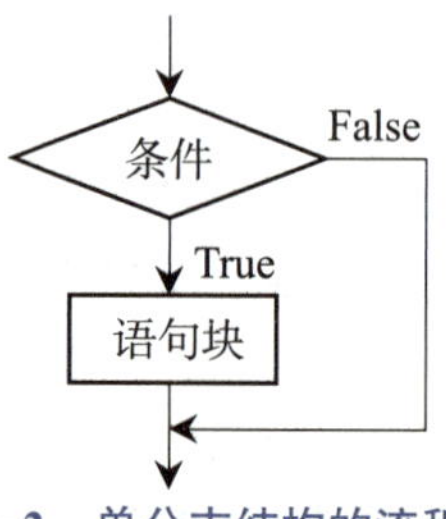

图 3-2 单分支结构的流程图

例 3-2　利用单分支结构判断血糖是否正常。

```
GLU = float(input("请输入血糖值:"))
if 3.9 <= GLU <= 6.1:
    print("血糖正常!")
```

程序运行结果如下：

```
请输入血糖值: 4.2
血糖正常!
```

通过 input( ) 函数获取血糖值（GLU），由于 input( ) 函数的返回值的类型是字符型，所以需要使用 float( ) 函数将其转换为浮点型，此时变量 GLU 的值为 4.2。在关键字 if 后边的条件处，Python 检查变量 GLU 的值是否大于或等于 3.9 且小于或等于 6.1，这时 if 语句的条件为 True，Python 执行缩进处的 print 语句，输出"血糖正常!"。

在 if 语句后边的语句块中，可以根据需要包含任意数量的语句。在例 3-2 的程序中增加一行输出，如例 3-3 所示。

例 3-3　单分支结构的语句块中可包含任意数量的语句。

```
GLU = float(input("请输入血糖值:"))
if 3.9 <= GLU <= 6.1:
    print("血糖正常!")
    print("请继续保持健康饮食!")
```

由于 if 语句的条件判断成立，且两条 print 语句都缩进了，都属于语句块中的语句，因此两条语句都将被执行。程序运行结果如下：

```
请输入血糖值: 4.2
血糖正常!
请继续保持健康饮食!
```

3.3.2　if-else 语句

if-else 语句也称为双分支结构，其语法格式如下：

```
if 条件 :
    语句块 1
else:
    语句块 2
```

当程序运行到 if-else 语句时，首先对 if 条件进行判断，当结果为 True 时，运行 if 后边的语句块 1；当结果为 False 时，运行 else 后边的语句块 2。需要注意的是，else 后边没有判断条件，只有 if 条件为 False 时才会运行 else 部分。由于 if 和 else 后边分别有一个相应的语句块，所以该语句称为双分支结构，其流程图如图 3-3 所示。

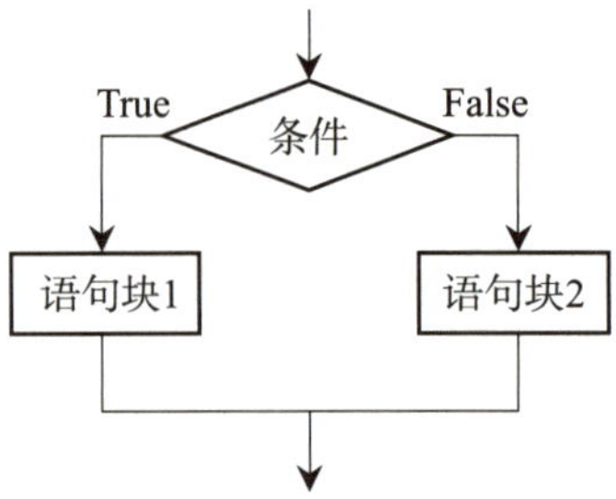

图 3-3　双分支结构的流程图

修改例 3-2 的血糖判断程序，让程序能够判断血糖正常或异常。

例 3-4　利用双分支结构判断血糖是否正常。

```
GLU = float(input("请输入血糖值:"))
if 3.9 <= GLU <= 6.1:
    print("血糖正常!")
else:
    print("血糖异常!")
```

程序运行结果如下：

```
请输入血糖值: 7.2
血糖异常!
```

在该程序中，变量 GLU 的值为 7.2，同样在关键字 if 后边的条件处，Python 检查变量 GLU 的值是否大于或等于 3.9 且小于或等于 6.1，此时条件表达式的值为 False，即条件判断不成立，因此执行 else 后面的语句块。

3.3.3　if 嵌套

▲ if 嵌套

前面介绍的单分支结构和双分支结构中的语句块可以由任意一条或多条语句构成，当然也可以是 if 语句。如果 if 语句中的语句块又包含 if 语句，就称为 if 嵌套，其语法格式如下：

```
if 条件 1:
    if 条件 2:
        语句块 1
    else:
        语句块 2
else:
    if 条件 3:
        语句块 3
    else:
        语句块 4
```

当程序运行到第一个关键字 if 时，判断条件 1，若结果为 True，由于其中嵌套了一个分支结构，因此对嵌套的 if 语句的条件 2 进行判断，结果为 True 则执行语句块 1，结果为 False 则执行语句块 2；如果条件 1 的判断结果为 False，由于 else 中也嵌套了一个分支结构，因此对这个分支结构中的条件 3 进行判断，若结果为 True 或为 False，则分别执行相应的语句块 3 或语句块 4。if 嵌套的流程图如图 3-4 所示。

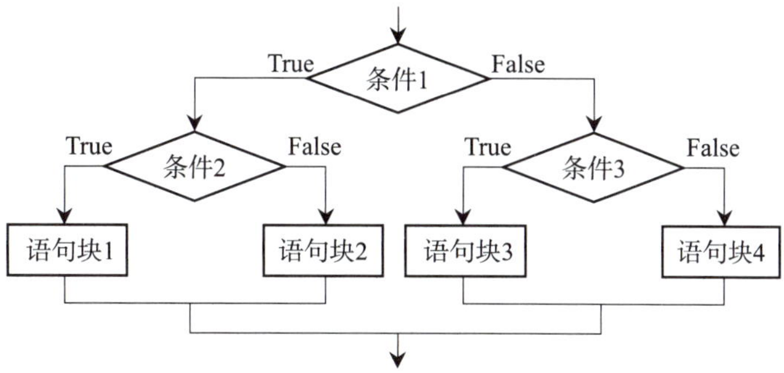

图 3-4　if 嵌套的流程图

修改例 3-4 的血糖判断程序，让程序不仅能够判断血糖是否正常，而且当血糖异常时，输出血糖偏高或血糖偏低的提示。

例 3-5　利用分支嵌套判断血糖是否正常（若血糖异常，则输出血糖偏高或血糖偏低的提示）。

```
GLU = float(input("请输入血糖值:"))
if 3.9 <= GLU <= 6.1:
    print("血糖正常!")
else:
    if GLU < 3.9:
        print("血糖偏低!")
    else:
        print("血糖偏高!")
```

程序运行结果如下：

```
请输入血糖值:7.2
血糖偏高!
```

在该程序中，变量 GLU 的值为 7.2，首先判断 GLU 是否大于或等于 3.9 且小于或等于 6.1，这时条件表达式的结果为 False，则执行第一个 else 部分的语句块。第一个 else 部分的语句块中又包含 if-else 语句，即 if 嵌套，这时继续判断 GLU 是否小于 3.9，条件为 False，则执行第二个 else 语句块，输出“血糖偏高！”。

3.3.4　if-elif-else 语句

从上面的介绍可以看出，当需要进行多条件判断时，可以使用 if 嵌套。但当条件较多时，可以使用 if-elif-else 语句。由于该语句通过多个条件判断选择执行不同的语句块，所以称为多分支结构，其语法格式如下：

```
if 条件 1:
    语句块 1
elif 条件 2:
    语句块 2
……
elif 条件 n:
    语句块 n
else:
    语句块 n+1
```

当程序运行到第一个 if 语句时，判断条件 1，结果为 True，则执行语句块 1，然后整个分支结构结束；若结果为 False，则执行接下来的 elif 语句，继续判断条件 2，结果为 True 则执行语句块 2，整个分支结构结束。如果条件仍然为 False，则再一次执行接下来的 elif 语句，继续判断，以此类推。如果之前的条件都不满足，则运行到最后一个判断条件，条件为 True 则执行语句块 *n*，条件为 False 则执行语句块 *n*+1。多分支结构的流程图如图 3-5 所示。

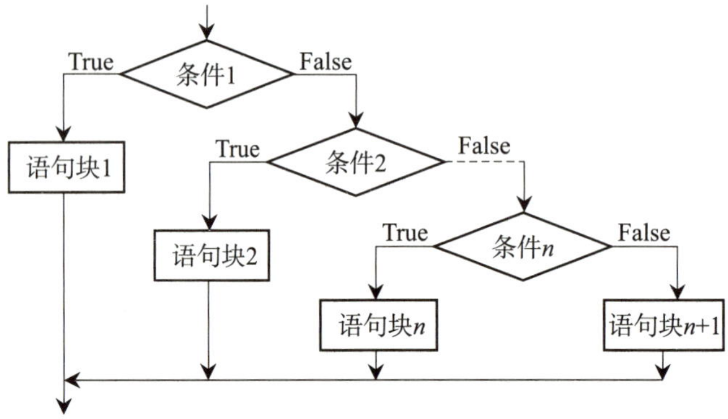

图 3-5　多分支结构的流程图

例 3-6　利用多分支结构判断 BMI 的分类。

```
height = float(input("请输入身高 (m):"))
weight = float(input("请输入体重 (kg):"))
bmi = weight/height**2
if bmi < 18.5:
    type = "偏瘦"
elif bmi < 24:
    type = "正常"
elif bmi < 28:
    type = "偏胖"
else:
```

```
    type = "肥胖"
print("BMI为:%5.2f" % bmi,type)
```

程序运行结果如下：

```
请输入身高 (m): 1.72
请输入体重 (kg): 60
BMI 为: 20.28 正常
```

在该程序中，变量 bmi 的值为 20.28（保留 2 位小数），Python 首先检查变量 bmi 的值是否低于 18.5，此时条件为 False，则判断第一个 elif 后面的条件，检查其是否位于 [18.5,24）区间，此时条件为 True，变量 type 被赋值为“正常”，不再执行后面的 elif 和 else 部分的语句，结束多分支语句，执行其后的 print 语句输出结果。

修改变量 height 和 weight 的值，计算 bmi 的值为 30.42（保留 2 位小数），不满足 else 部分前面的所有条件，这种情况下将执行 else 后面的语句块。程序运行结果如下：

```
请输入身高 (m): 1.72
请输入体重 (kg): 90
BMI 为: 30.42 肥胖
```

但 Python 并不要求 if-elif 语句后必须有 else 语句。有些情况下，用 elif 语句代替 else 语句会使得判断条件更加清晰。将例 3-6 的程序修改为如例 3-7 所示的代码。

例 3-7 多分支结构中不使用 else 语句。

```
height = float(input("请输入身高 (m):"))
weight = float(input("请输入体重 (kg):"))
bmi = weight/height**2
if bmi < 18.5:
    type = "偏瘦"
elif bmi < 24:
    type = "正常"
elif bmi < 28:
    type = "偏胖"
elif bmi>= 28:
    type ="肥胖"
print("BMI 为:%5.2f" % bmi,type)
```

当变量 bmi 的值大于或等于 28 时，变量 type 的值为“肥胖”，这比使用 else 语句更加清晰。经过修改后，每个语句块都仅在相应的条件判断为 True 时才会执行。

3.4 循环结构

循环结构可以把需要重复做的工作放在一个语句块中反复执行，但必须要有能够结束循环的条件，否则就会进入死循环。Python 中有两种循环结构，分别是 for 循环和 while 循环。

3.4.1 for 循环

for 循环可以遍历任意一个序列的所有元素，如字符串、列表等，其语法格式如下：

```
for 循环变量 in 序列：
    语句块
```

首先，从序列中提取一个元素给循环变量赋值，如果能取到该元素，即未到达序列末尾，则执行循环体内的语句块；执行完后，再次从序列中提取下一个元素给循环变量赋值，执行循环体内的语句块，直到序列中的元素全部遍历完成，到达序列末尾，不再能取到元素则结束循环，执行 for 循环之后的语句。for 循环的流程图如图 3-6 所示。

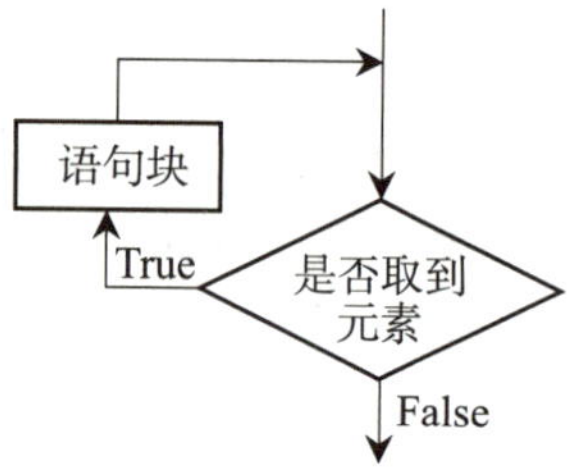

图 3-6　for 循环的流程图

在 for 循环中，序列长度决定了循环的执行次数，因此 for 循环适用于循环次数已经确定的情况。

例 3-8 利用 for 循环遍历字符串。

```
for c in "Python":
    print(c)
```

程序运行结果如下：

```
P
y
t
h
o
n
```

上述示例中，字符串 "Python" 的长度为 6，即包含 6 个字符，因此循环执行了 6 次，按顺序每次输出字符串中的一个字符，最终将字符串中的字符逐个显示。

除了字符序列，Python 还提供了一个内置函数 range( )，能够生成一个数字序列，该函数常用于 for 循环中。range( ) 函数的语法格式如下：

```
range(start,stop,step)
```

其中，start 为计数起始值，stop 为计数结束值，step 为步长值，这 3 个参数必须都为整数，而不能是浮点数等其他类型。range( ) 函数一般可分为 3 种形式。

（1）range(stop)。start 缺失的情况下，序列默认从 0 开始，到 stop 结束，但不包括 stop。例如，range(5) 等价于 range(0,5)，生成序列 [0,1,2,3,4]。

（2）range(start,stop)。序列从 start 开始，到 stop 结束，但不包括 stop。例如，

range(1,5)，生成序列 [1,2,3,4]，序列中不包括元素 5。

（3）range(start, stop, step)。序列从 start 开始，到 stop 结束，step 为步长，在步长缺失的情况下，默认步长为 1，但不可以为 0。例如，range(1,5,2)，生成序列 [1,3]，从 1 开始，到 4 结束，前后两个数字的间隔为步长 2。

例 3-9　range( ) 函数在 for 循环中的使用。

```
for i in range(5):
    print(i)
```

程序运行结果如下：

```
0
1
2
3
4
```

3.4.2　while 循环

while 循环一般用于循环次数不确定的情况，其语法格式如下：

```
while 条件:
    语句块
```

当 while 循环的条件为 True 时，执行循环体中的语句块，之后重新判断条件是不是 True，从而构成循环，直到条件为 False 时，循环结束，执行循环之后的语句。while 循环的流程图如图 3-7 所示。

while 循环的条件用来判断是否结束循环，所以循环变量必须在 while 循环开始之前赋值，循环变量的更新必须在循环结构内给出，使得循环条件在某种情况下不再满足，从而结束循环，以避免造成死循环。

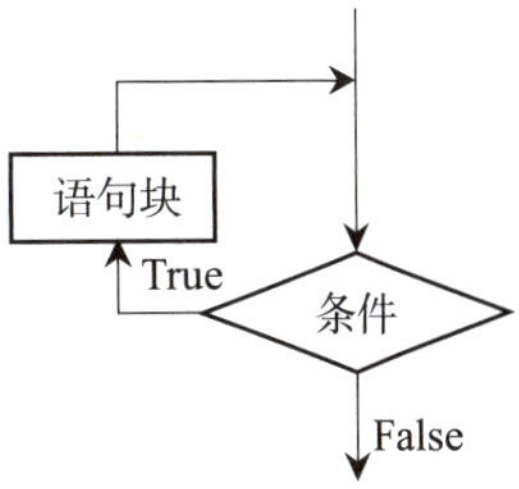

图 3-7　while 循环的流程图

例 3-10　while 循环。

```
i = 0
while i < 5:
    print(i)
    i += 1
```

程序运行结果如下：

```
0
1
2
```

```
3
4
```

变量 i 作为循环变量，在 while 循环之前赋初值为 0，利用循环变量构建循环条件 i < 5，循环变量在循环体内部用语句 i += 1 实现更新，使得循环条件在经历 5 次循环以后不再满足，从而结束循环。

由此可见，for 循环和 while 循环的最大区别在于，for 循环更适用于循环次数能够确定的情况，while 循环适用于无法确定循环次数但知道在什么条件下结束循环的情况。

3.4.3 循环嵌套

▲循环嵌套

与 if 嵌套类似，可以在一个循环内嵌套另一个循环。可以在 for 循环中嵌套 for 循环或 while 循环，也可以在 while 循环中嵌套 for 循环或 while 循环。

例 3-11 循环嵌套。

```
for s in "Hello":
    for i in range(3):
        print(s,end='')
```

程序运行结果如下：

```
HHHeeelllllllooo
```

在外层 for 循环中，首先遍历到元素 H，然后执行内层 for 循环，输出 3 次元素 H；然后执行外层的第二次循环，遍历到元素 e，接着内层循环输出 3 次元素 e；依次遍历到元素 l、l、o，在内层循环中相应地输出 3 次遍历到的元素。

3.4.4 break 与 continue 语句

▲ break 与 continue 语句

根据前面的介绍，当取不到元素或条件为 False 时才会结束循环，但有时需要提前终止循环或提前结束本次循环，这就需要用到 break 或 continue 语句。

1. break 语句

break 语句用来跳出当前循环，跳出循环后，继续执行该循环后的语句。

例 3-12 利用 break 语句跳出当前循环。

```
while True:
    s = input("请输入一个字母（按 Q 退出）:")
    if s == "Q":
        break
    print("输入的字母是:",s)
print("程序退出")
```

程序运行结果如下：

```
请输入一个字母（按Q退出）：A
输入的字母是：A
请输入一个字母（按Q退出）：b
输入的字母是：b
请输入一个字母（按Q退出）：Q
程序退出
```

在该段程序中使用了 break 语句，当输入的字母为 Q 时，就会执行 break 语句，跳出当前循环，继续执行该循环后的 print("程序退出") 语句。

需要注意的是，break 语句只能跳出当前层的循环。

例 3-13　利用 break 语句跳出当前循环。

```
for s in "Hello":
    for i in range(3):
        if s=="e":
            break
        print(s,end='')
```

程序运行结果如下：

```
HHHllllllooo
```

该段程序中有两层循环，在内层循环中使用了 break 语句，break 语句的执行只会跳出内层循环，然后继续执行外层循环。

2. continue 语句

continue 语句用来提前结束当次循环，即不再执行后面尚未执行的语句，但不会跳出循环。

例 3-14　利用 continue 语句结束当次循环。

```
for s in "PYTHON":
    if s == "T":
        continue
    print(s,end="")
```

程序运行结果如下：

```
PYHON
```

在该段程序中，当循环变量 s 读取到字符“T”时，执行 continue 语句，此时提前结束本次循环，不再执行 print(s,end="") 语句，所以只有字符“T”没有被输出，而其他字母不受影响。

continue 语句是结束本次循环，而 break 语句是结束本层循环。

3.4.5 循环语句中的 else 子句

for 循环和 while 循环中还可以包含 else 子句，使用时放在 for 循环和 while 循环的下面并与它们对齐。当循环正常执行之后，程序会继续执行 else 子句中的内容，即 else 子句只在循环正常执行后才会被执行。

例 3-15 continue 语句与 else 子句。

```
for s in "PYTHON":
    if s == "T":
        continue
    print(s, end = "")
else:
    print("\n 正常退出")
```

程序运行结果如下：

```
PYHON
正常退出
```

在该段程序中，虽然执行了 continue 语句，但循环属于正常执行，else 子句中的语句块会被执行。

例 3-16 break 语句与 else 子句。

```
for s in "PYTHON":
    if s == "T":
        break
    print(s, end = "")
else:
    print("正常退出")
```

程序运行结果如下：

```
PY
```

在该段程序中，else 子句没有被执行，即该循环没有被正常执行，这是因为 break 语句中断了当前循环，使程序非正常结束循环。

3.5 异常处理

异常是指在程序执行过程中会由于一些错误造成程序不能正常执行。异常提示说明如图 3-8 所示。

```
Traceback (most recent call last):
  File "F:/1.py", line 1, in <module>
    n = eval(input("请输入一个数字: "))
  File "<string>", line 1, in <module>
NameError: name 'i' is not defined
```

异常类型　　　　异常内容提示

图 3-8　异常提示说明

有些错误是可预见的，可以通过编写程序对这些异常进行处理，保证程序能够正常运行。Python 提供了利用 try-except 语句处理异常的方法，其语法格式如下：

```
try:
    语句块 1
except 异常类型 1:
    语句块 2
except 异常类型 2
    语句块 3
……
[except:
    语句块 n]
[else:
    语句块 n+1]
[finally:
    语句块 n+2]
```

其中，try 子句的语句块 1 是必须执行的程序部分，当语句块 1 执行出现异常时会根据不同的 except 异常类型，选择不同的语句块处理，最后一个 except 子句是可选的，且没有指定任何类型，表示这个语句块用于处理其他异常。else 子句也是可选的，当 try 子句的语句块 1 执行结束且没有发生异常时，else 子句才会被执行。finally 子句也是可选的，但不论 try 子句是否发生异常，finally 子句都会被执行。

例 3-17　异常处理。

```
try:
    n = eval(input("请输入一个数字:"))
except NameError:
    print("输入错误! 请输入一个数字:")
except:
    print("其他错误")
else:
    print("输入了一个数字",n)
finally:
    print("不知道有没有异常")
```

程序运行结果如下：

```
请输入一个数字：2
输入了一个数字 2
不知道有没有异常
```

该程序运行时，输入数字 2，没有发生异常，else 子句和 finally 子句都执行了相应的语句块。

再次运行程序，结果如下：

```
请输入一个数字：a
输入错误！请输入一个数字：
不知道有没有异常
```

这次运行程序时，当输入非数字字符“a”时，会将“a”赋值给变量 n，这时字符“a”会被认为是不存在的变量，所以会被异常 NameError 捕捉到，提示“输入错误！请输入一个数字:”，finally 子句最终都会被执行。

再次运行程序，结果如下：

```
请输入一个数字：
其他错误
不知道有没有异常
```

这次运行程序时，直接按回车键，发生异常，except 子句和 finally 子句都被执行。

3.6 应用例题解析

例 3-18 输入一个 0 ～ 100 的成绩，输出相应的等级评定结果。成绩等级的划分标准如表 3-1 所示。

表 3-1 成绩等级的划分标准

成绩区间	成绩等级	等级评定结果
≥ 90	优秀	A
80 ～ 89	良好	B
70 ～ 79	中等	C
60 ～ 69	及格	D
< 60	不及格	E

解析： 成绩等级需要根据分数的大小确定，所以要对成绩的分数进行条件判断。由于有多个成绩等级，需要对多个条件进行判断，所以可以使用多分支结构来实现。

参考程序如下：

```
score = int(input('请输入成绩：'))
```

```
if score >= 90:
    grade = "A"
elif score >= 80:
    grade = "B"
elif score >= 70:
    grade = "C"
elif score >= 60:
    grade = "D"
else:
    grade = "E"
print(grade)
```

程序运行结果如下：

```
请输入成绩：78
C
```

例 3-19　要求用户输入一个整数，计算这个整数中偶数数字的平方和，并输出求和结果。

解析： 对获取的整数，利用 for 循环对每个数字进行遍历。分别对每个数字进行取余运算来判断它是不是偶数，如果该数字是偶数，则求其平方并累加求和，最终将累加和输出。

参考程序如下：

```
n = input("请输入一个整数:")
s = 0
for i in n:
    m = int(i)
    if m%2 == 0:
        s += m**2
print(s)
```

程序运行结果如下：

```
请输入一个整数：258
68
```

例 3-20　社会平均工作时间是每天 8 小时（不区分工作日和休息日），一位科学家接受记者采访时说，他每天的工作时间比社会平均工作时间多 3 小时。如果这位科学家的当下成就值是 1，假设每工作 1 小时的成就值增加 0.01%，计算达到成就值 100 时所需要的年数，并输出他每年的成就值。其中，成就值和年数都以整数表示，每年以 365 天计算。

解析： 成就值的计算公式为 $(1+0.01\%)^{年\times365\times11}$，将成就值小于 100 作为循环条件，依次增加年数，计算成就值，当成就值达到 100 时结束循环，这时的年数就是成就值达到 100 所需要的年数，在每次循环的过程中输出每年的成就值。

参考程序如下：

```
scale = 0.0001
year = 1
val = pow((1+scale),year*365*11)
while val < 100:
    print("%d 年后成就值是 %.2f" %(year,val))
    year += 1
    val = pow((1+scale),year*365*11)
print("%d 年后成就值是 %.2f" %(year,val))
```

程序运行结果如下：

```
1 年后成就值是 1.49
2 年后成就值是 2.23
3 年后成就值是 3.33
4 年后成就值是 4.98
5 年后成就值是 7.44
6 年后成就值是 11.12
7 年后成就值是 16.62
8 年后成就值是 24.82
9 年后成就值是 37.09
10 年后成就值是 55.41
11 年后成就值是 82.79
12 年后成就值是 123.69
```

例 3-21 获取用户输入，要求输入数字。如果输入的不是数字，则要求用户重新输入，直至用户输入的全是数字，最终输出用户输入的数字的个数。

解析： 重复输入需要通过循环来实现，利用变量 flag 控制输入操作是否重复执行，flag 为 1 时循环条件为 True，重复执行输入操作；flag 为 0 时结束循环，不再进行输入操作。设置 flag 的初始值为 1，当输入的全是数字时，将 flag 置为 0。利用 for 循环遍历输入的内容，利用 if-else 语句判断输入的是不是数字，如果输入的是数字，则利用变量 i 进行数字个数的计数；如果输入的不是数字，则利用 break 语句结束遍历，重新获取输入。最终输出 i 的值，表示输入的数字的个数。

参考程序如下：

```
flag = 1
while flag:
    s = input("请输入数字:")
```

```
    i=0
    for p in s:
        if "0"<=p<="9":
            i += 1
        else:
            flag = 1
            break
        flag = 0
print(i)
```

程序运行结果如下：

```
请输入数字：12A
请输入数字：BD3
请输入数字：3B4A5
请输入数字：345
3
```

习　题　3

1. 单选题

（1）以下关于 Python 分支结构的描述中，错误的是________。

A. Python 分支结构使用关键字 if、elif 和 else 来实现，每个 if 后面必须有 elif 或 else

B. if-else 结构是可以嵌套的

C. 执行 if 语句时，先判断 if 后面的逻辑表达式，表达式为真时执行语句块

D. 缩进是 Python 分支结构的语法部分，缩进不正确会影响分支结构的功能

（2）以下关于控制结构的描述中，错误的是________。

A. Python 的单分支结构中包含 else 语句

B. Python 的多分支结构既包含 else 语句块，也包含 elif 语句块

C. 使用 range(1, 10) 函数，指定语句块的循环次数是 9 次

D. Python 的 for 循环是对遍历结构的各元素进行处理

（3）以下关于 while 循环的描述中，错误的是________。

A. while 循环使用 break 语句能够跳出所在层的循环体

B. while 循环可以使用 break 和 continue 语句

C. while 循环用来遍历序列中的元素，提取相应元素并执行一次循环体

D. while 循环不需要提供循环的次数

（4）以下关于 Python 中 try 语句的描述中，错误的是________。

A. 一个 try 代码块可以对应多个处理异常的 except 代码块

B．当执行 try 代码块触发异常后，会执行 except 后面的语句

C．try 代码块用来捕捉执行代码时发生的异常，处理异常后能够回到异常处继续执行

D．try 代码块不触发异常时，不会执行 except 后面的语句

（5）以下程序的输出结果是________。

```
for s in "testatest":
    if s=="a" or s=='e':
        continue
    print(s, end='')
```

A．tsttst　　B．testatest　　C．testtest　　D．tstatst

2．填空题

（1）程序的控制结构有________、________、________3 种。

（2）选择结构的语句有 3 种，分别是________、________、________。

（3）循环结构包括________循环和________循环。

3．编程题

（1）高尿酸血症的诊断标准一般认为：检查两次不在同一天内的血液尿酸含量，女性不能高于 360 μmol/L，男性不能高于 420 μmol/L。编写程序，实现高尿酸血症的判断。

（2）某商店出售某品牌的运动鞋，每双鞋的定价为 160 元，购买 1 双不打折，购买 2 双（含）到 4 双（含）打九折，购买 5 双（含）到 9 双（含）打八折，购买 10 双（含）以上打七折。编写程序，实现从键盘输入购买数量，在屏幕上输出总额（保留整数）。

▲习题参考答案

（3）有一座 8 层宝塔，每一层都有一些琉璃灯，每一层的灯数都是上一层灯数的两倍。已知该座宝塔共有 765 盏琉璃灯，编写程序，计算并输出每层各有多少盏琉璃灯。

上机实验 3

1．实验目的及要求

（1）理解并熟练掌握选择结构、循环结构的使用。

（2）掌握异常处理结构 try-except 的使用。

（3）熟悉标准库 random 的导入和使用。

2．实验案例

案例 1　改进程序：实现用户与计算机进行剪刀、石头、布的猜拳游戏，每轮游戏可猜拳 5 次，并输出游戏结果。

实验步骤

（1）启动 Python 程序，打开 IDLE Shell 窗口，选择“File”菜单的“New File”命令，

新建程序文件，设置文件名为“guess.py”，保存文件。

（2）分析问题。本游戏中用户和计算机分别出拳（剪刀、石头、布），然后通过比较决定胜负，每轮游戏有 5 次猜拳机会，猜拳结束后输出本轮游戏结果。剪刀、石头、布分别用数字 0、1、2 表示，利用 input( ) 函数获取用户的输入，利用 random 库中的 randint( ) 函数随机生成 0 ～ 2 的整数，作为计算机的出拳结果，通过 if 语句比较大小，用 for 语句控制猜拳次数。

random 库是 Python 内置的标准函数库之一，主要用于产生各种分布的伪随机数序列，采用梅森旋转算法生成伪随机数序列。其中，randint( ) 函数用于生成随机整数，如 randint(0,2) 生成 [0,2] 区间的随机整数。在使用 random 库时，需要首先导入该库，然后使用相关函数生成随机数。

示例代码如下：

```
import random
random.randint(0,2)
```

（3）在 guess.py 文件中编写如下程序代码，模拟猜拳游戏。

程序代码如下：

```
import random
win = 0
draw = 0
lose = 0
for i in range(5):
    player = eval(input('请出拳 0(剪刀)1(石头)2(布):'))
    computer = random.randint(0,2)
    print("计算机出拳:",computer)
    if player == 0 and computer == 2 or player ==1 and computer == 0 or\
    player == 2 and computer == 1:
        print("第 %d 局: 你获胜! "%(i+1))
        win = win + 1
    elif player == computer:
        print("第 %d 局: 平局! "%(i+1))
        draw = draw + 1
    else:
        print("第 %d 局 : 计算机获胜! "%(i+1))
        lose = lose + 1
print("这轮比赛结果:%d 赢 %d 输 %d 平"%(win,lose,draw))
```

以上程序默认用户在猜拳时按要求正确输入 0 ～ 2 的整数，但用户很可能会误输入其他字符或非整数数字，这样会造成一些异常错误或出现逻辑错误，所以需要对用户的输入进行控制，直到用户输入正确的数字后才能进行猜拳游戏。使用 try-except 语句对异常情况进行处理，利用 while 语句实现重复获取输入，对该程序进行改进。

案例 2 补充程序：用户输入一个正整数 *n*，如果 *n* 为奇数，则输出表达式 1+1/3+1/5+...+1/*n* 的值；如果 *n* 为偶数，则输出表达式 1/2+1/4+1/6+...+1/*n* 的值，结果四舍五入并保留 2 位小数。例如，输入正整数 4，输出结果为 0.75。

实验步骤

（1）利用 input( ) 函数得到一个输入，并使用 int( ) 函数将输入转换成整数。

（2）利用 if 双分支结构进行奇数或偶数的判断，根据判断结果进行不同的计算。

（3）利用 for 循环进行计算。

（4）输出计算结果。

程序代码如下：

```
n = int(input("请输入一个正整数:"))
s = 0
if n % 2 == 1:
    for i in range(1,n+1,2):
        s += ________
else:
    for i in ________:
        s += 1/i
print(round(s,2))
```

案例 3 补充程序：从键盘输入一组人员的姓名、性别、年龄等信息，姓名为 Q 时结束输入，分别统计男、女人数，计算这组人员的平均年龄（保留 2 位小数）并输出。

实验步骤

（1）利用 input( ) 函数获取输入。

（2）利用 while 循环对年龄进行求和；利用 if 双分支结构分别对男、女人数进行计数；再次利用 input( ) 函数获取输入，直到输入的姓名为 Q 时，结束循环。

（3）对这组人员的年龄求平均值，并输出这组人员的平均年龄和男、女人数。

程序代码如下：

```
name = input("请输入姓名:")
sex = input("请输入性别:")
age = int(input("请输入年龄:"))
s=0
male=0
female=0
i=0
while True:
    i=i+1
    s=s+age
    if sex=='男':
        ________
```

```
    else:
        female=female+1
    name = input("请输入姓名:")
    if _______:
        break
    sex = input("请输入性别:")
    age = int(input("请输入年龄:"))
meanage= _______
print("平均年龄:%.2f, 男性人数:%d, 女性人数:%d" %(meanage,male,female))
```

案例 4　写出程序运行结果：有一组身高数据为 175、178、173、168、176、174、175、180、179（单位：cm），编写程序，从键盘输入以上身高数据，并计算平均身高（保留 2 位小数）。

实验步骤

（1）初始化求和变量 sum。

（2）利用 for 循环或 while 循环输入身高数据并求和。

（3）计算平均身高值。

（4）输出结果并保留 2 位小数。

程序代码如下：

```
sum = 0
for i in range(9):
    h=float(input("请输入身高数据:"))
    sum = sum+h
meanheight = sum/(i+1)
print("平均身高:%.2f" % meanheight)
```

第 4 章 字 符 串

4.1 创建字符串和转义字符

4.1.1 创建字符串

字符串由一系列字符组成，是一种表示文本的数据类型。在 Python 中，字符串是一种重要的序列类型，其表示方式是使用引号将字符串括起来，使用的引号可以是单引号，也可以是双引号。

例 4-1 单行字符串的表示。

```
# 如果字符串本身含双引号，则用单引号来表示字符串
saying1 = '"The only way to do great work is to love what you do." - Steve Jobs'
# 如果字符串本身含单引号，则用双引号来表示字符串
saying2 = "There's only one corner of the universe you can be sure of improving, and that's your own self."
print(saying1)
print(saying2)
```

程序运行结果如下：

```
"The only way to do great work is to love what you do." - Steve Jobs
There's only one corner of the universe you can be sure of improving,and that's your own self.
```

如果要定义多行字符串，可以使用三个单引号或三个双引号将多行字符串括起来表示。

例 4-2 多行字符串的表示。

```
'''Hello,welcome to
Python world,
Python is my favorite language!
'''
```

4.1.2 转义字符

转义字符是指任何非打印字符。Python 支持转义字符，可利用转义字符添加换行符或制表符等特殊符号。常用的转义字符如表 4-1 所示。

表 4-1 常用的转义字符

转义字符	说 明
\n	换行符，将光标位置移到下一行开头
\r	回车符，将光标位置移到本行开头
\t	水平制表符，即按 Tab 键，一般相当于 4 个空格
\v	纵向制表符
\b	退格（Backspace），将光标位置移到前一列
\000	空格
\f	换页
\\	反斜杠
\'	单引号
\"	双引号
\	在字符串行尾的续行符，即一行未写完，转到下一行继续写

例如，在字符串中添加换行符，可使用转义字符“\n”，代表换行。

例 4-3 输出转义字符。

```
str = ''' The computer was born to solve problems that did not exist before.
- Bill Gates\nProgramming is not about typing, it's about thinking. - Rich Hickey\n
The science of today is the technology of tomorrow. - Edward Teller'''
print(str)
```

程序运行结果如下：

```
The computer was born to solve problems that did not exist before. - Bill
Gates
Programming is not about typing, it's about thinking. - Rich Hickey
The science of today is the technology of tomorrow. - Edward Teller
```

如果字符串本身包含单引号或者双引号，如 He said "Yes"!、it's 等，可以用单引号和双引号组合的方式表示，也可以用转义字符（\' 或 \"）表示。

例 4-4 字符串中包含转义字符的表示方法。

```
# 转义字符\'表示单引号
str3 = 'doesn\'t'
print(str3)
```

程序运行结果如下：

```
doesn't
```

4.2 字符串索引与切片

▲字符串与列表的转换

由于 Python 不支持单个字符类型，如果希望访问字符串中具体的元素，需要通过索引提取元素。通过索引和切片的方式可以访问字符串中的一个或多个字符。字符串中的每个字符都对应一个索引号，索引号可分为正索引号和负索引号。正索引号是设置字符串第一个字符的索引为 0，从左到右依次递增。负索引号是设置字符串最后一个字符的索引为 -1，从右到左依次递减。假设创建了一个字符串 words 为“HELLO,WORLD”，索引号的设置如图 4-1 所示。

	0	1	2	3	4	5	6	7	8	9	10
words	H	E	L	L	O	,	W	O	R	L	D
	-11	-10	-9	-8	-7	-6	-5	-4	-3	-2	-1

图 4-1 索引号的设置

当获取单个字符时，如果字符串的下标超出范围则会报错，其基本语法格式如下：

```
字符串名[下标]
```

获取字符串的基本语法格式如下：

```
字符串名[起始下标:结束下标:步长]
```

其中，获取的字符串中包含起始下标对应的字符，但不包括结束下标对应的字符。如果起始下标省略，则默认从字符串的串头开始获取字符；如果结束下标省略，则默认获取字符到字符串的串尾。可以设置获取不同步长的字符，如果省略步长，则其默认值为 1。

例 4-5 字符串的索引和切片。

```
words="The role of the doctor is not just to treat illness,\
but to promote health and prevent disease."
print(words[0])          # 获取下标为 0 的单个字符
print(words[0:8])        # 获取下标 0 到下标 7 的字符串
print(words[53:])        # 获取从下标 53 开始到串尾的字符串
print(words[53:-1])      # 获取从下标 53 开始到最后一个字符之前结束的字符串
```

程序运行结果如下：

```
T
The role
but to promote health and prevent disease.
```

```
but to promote health and prevent disease
```

4.3 字符串运算符

常见的字符串运算符如表 4-2 所示。

表 4-2 常见的字符串运算符

运算符	描 述
+	连接运算符，用于拼接两个或多个字符串
*	重复运算符，用于复制字符串
in	成员运算符，如果字符串中包含给定字符，则返回 True
not in	成员运算符，如果字符串中不包含给定字符，则返回 True

例 4-6 字符串的拼接。

```
string1 = "how"
string2 = "are"
string3 = "you"
string_merge = string1+''+string2+''+string3
print(string_merge)
```

程序运行结果如下：

```
how are you
```

例 4-7 复制 *n* 次字符串。

```
word = "good"
n = 3
word_n = word*n
print(word_n)
```

程序运行结果如下：

```
good good good
```

例 4-8 成员运算符 in 和 not in 的使用。

```
# 使用 in 运算符检查字符串是否包含特定的子字符串
text = "How are you!"
if "are" in text:
    print("The word 'are' is in the text.")
```

```
# 使用 not in 运算符检查字符串是否不包含特定的子字符串
if "hello" not in text:
    print("The word 'hello' is not in the text.")
```

程序运行结果如下：

```
The word 'are' is in the text.
The word 'hello' is not in the text.
```

4.4 字符串内建方法

Python 中包含很多字符串内建方法，使用这些方法可以方便地进行字符串的操作，实现字符串的处理功能，以及实现字符串和列表数据类型的相互转换。字符串内建方法及其含义如表 4-3 所示。

表 4-3 字符串内建方法及其含义

方法名		描述
统计	len	计算字符串长度，即包含单个字符的个数
	count	返回字符串中出现指定子字符串的次数
搜索	find	检测字符串中是否包含子字符串，若不包含则返回 -1
	index	检测字符串中是否包含子字符串，若不包含则会报错
转换	capitalize	将字符串的第一个字母变成大写，其他字母变成小写
	upper	将字符串中所有字母变成大写
	lower	将字符串中所有字母变成小写
替换	replace	将原字符串中的旧子字符串替换成新子字符串
判断	isalpha	检测字符串是否都由字符构成
	isdigit	检测字符串是否都由数字构成
	isalnum	检测字符串是否都由数字或字符构成
	islower	检测字符串中所有字母是否都是小写
	isupper	检测字符串中所有字母是否都是大写
	istitle	检测字符串中所有单词的首字母是否都是大写，且其他字母都是小写
	startswith	检测字符串是否以指定的子字符串开头
	endswith	检测字符串是否以指定的子字符串结尾

续表

方法名		描 述
格式化	ljust	左对齐
	rjust	右对齐
	center	居中对齐
删除	strip	删除字符串两端的指定字符
	lstrip	删除字符串左端的指定字符
	rstrip	删除字符串右端的指定字符
分割	split	从左向右，按照指定次数，以指定字符分割字符串
	rsplit	从右向左，以指定分隔符对字符串进行分割
	splitlines	从左向右，以换行符（\n）对字符串进行分割
	partition	以特定的子字符串作为分隔符，将字符串分成 3 部分

4.4.1 字符串的统计

进行字符串统计操作的常用方法包含 len( ) 和 count( ) 方法。

（1）len( ) 方法。len( ) 方法用于返回字符串的长度。其语法格式如下：

```
len(s)
```

其中，s 表示要计算长度的字符串。

例 4-9 统计字符串长度。

```
num = input("请输入一个整数:")  # 输入一个整数，其数据类型默认为字符串
length = len(num)              # 使用 len() 方法求字符串长度，即该整数的位数
print('%s 是 %d 位数。'%(num,length))
```

程序运行结果如下：

```
请输入一个整数:1234
1234 是 4 位数。
```

（2）count( ) 方法。count( ) 方法是 Python 的内置方法，用于统计字符串中的特定子字符串出现的次数。如果子字符串未找到，则返回 0。一般语法格式如下：

```
string.count(substring,start,end)
```

其中，string 表示要搜索的字符串；substring 表示要统计的子字符串；start 是可选参数，表示搜索的起始位置（默认为 0，即从字符串的开头开始搜索）；end 是可选参数，表示搜索的结束位置（默认为字符串的末尾）。

例 4-10 使用 count( ) 方法统计字符串中的子字符串。

```
string='Jingle bells,Jingle bells,Jingle all the way.'
print(string.count('bells'))
print(string.count('Jingle',0,15))
```

程序运行结果如下：

```
2
1
```

在上述程序中，第一次使用 count( ) 方法时，没有指定统计范围，因此默认为在字符串长度内进行统计；第二次使用 count( ) 方法时，在 0 ～ 15 的索引范围内进行统计。

4.4.2 字符串的搜索

在字符串中搜索指定字符串的索引，常用的方法包含 find( ) 和 index( ) 方法。

（1）find( ) 方法。在字符串中查找子字符串第一次出现的位置，若找到则返回子字符串开始的索引值，否则返回 -1。find( ) 方法的语法格式如下：

```
string.find(substring,start,end)
```

其中，string 表示要搜索的字符串；substring 表示要查找的子字符串；start 表示开始索引，默认为 0，即从字符串的开头开始搜索；end 表示结束索引，默认为字符串的长度。

例 4-11 使用 find( ) 方法搜索指定字符串的索引。

```
string='Jingle bells, Jingle bells, Jingle all the way.'
print(string.find('bells'))
print(string.find('Snow'))
```

程序运行结果如下：

```
7
-1
```

（2）index( ) 方法。其参数的含义与 find( ) 方法相同，区别在于：如果该字符串不包含指定的子字符串，则程序报告异常。index( ) 方法的语法格式如下：

```
string.index(substring,start,end)
```

各参数的含义与 find( ) 方法中参数的含义相同。

find( ) 和 index( ) 方法在检测是否包含子字符串时，还可以指定检测范围，即在指定的范围内检测是否包含子字符串。

例 4-12 使用 index( ) 方法搜索字符串。

```
string='Jingle bells, Jingle bells, Jingle all the way.'
```

```
print(string.index('bells',0,5))
```

程序中设定的检测范围为索引 0 ～ 5，由于在字符串的指定范围内无法找到子字符串 'bells'，程序会报错，给出如下错误信息：

```
ValueError:substring not found
```

4.4.3 字符串的转换

（1）capitalize( ) 方法。capitalize( ) 方法用于将字符串中第一个字母转换为大写字母，同时将字符串的其余部分转换为小写字母，原始字符串本身不会被修改，而是返回一个新的字符串。其一般语法格式如下：

```
string.capitalize()
```

例 4-13 字符串的转换——capitalize( ) 方法。

```
sentence="i have a dream!"
print(sentence.capitalize())
```

程序运行结果如下：

```
I have a dream!
```

（2）upper( ) 和 lower( ) 方法。upper( ) 方法用于将字符串中的所有字母转换为大写字母；lower( ) 方法用于将字符串中的所有字母转换为小写字母。一般语法格式如下：

```
string.upper()
string.lower()
```

例 4-14 字符串的转换——upper( ) 和 lower( ) 方法。

```
string='Hello Python'
print('------ 转换为大写字母 ------')
print(string.upper())
print('------ 转换为小写字母 ------')
print(string.lower())
```

程序运行结果如下：

```
------ 转换为大写字母 ------
HELLO PYTHON
------ 转换为小写字母 ------
hello python
```

4.4.4 字符串的替换

replace( ) 方法是字符串替换方法，用于将原字符串中的旧子字符串替换成新子字符串。其结果会返回一个新的字符串，其中已经完成了替换操作，原始字符串不会被修改。一般语法格式如下：

```
string.replace(old,new,count)
```

其中，string 表示要进行替换操作的原字符串；old 表示要被替换的旧子字符串；new 表示用于替换的新子字符串；count 是可选参数，表示替换的次数。如果 count 参数缺失，则默认为全部替换。如果提供了 count 参数，那么只会替换前 count 次出现的子字符串。

例 4-15 字符串的替换。

```
string='Jingle bells,Jingle bells,Jingle all the way.'
print(string.replace('bells','Bells'))
print(string.replace('bells','Bells',1))
```

程序运行结果如下：

```
Jingle Bells,Jingle Bells, Jingle all the way.
Jingle Bells,Jingle bells, Jingle all the way.
```

4.4.5 判断字符串的组成

判断字符串的组成，使用的是 Python 字符串对象的内置方法，这些方法用于检查字符串的内容或格式，以便确定字符串是否符合特定的条件。

（1）isalpha( ) 方法。该方法用于检查字符串中的所有字符是否都是字母（来自字母表的字母）。如果字符串中的所有字符都是字母，则返回 True，否则返回 False。

（2）isdigit( ) 方法。该方法用于检查字符串中的所有字符是否都是数字字符（0 ～ 9 之间的数字字符）。如果字符串中的所有字符都是数字字符，则返回 True，否则返回 False。

（3）isalnum( ) 方法。该方法用于检查字符串中的所有字符是否都是字母或数字字符。如果字符串中的所有字符都是字母或数字字符，则返回 True，否则返回 False。

（4）islower( ) 方法。该方法用于检查字符串中是否至少包含一个字母字符，并且所有字母字符是否都是小写字母。如果字符串中至少包含一个字母字符并且所有字母字符都是小写字母，则返回 True，否则返回 False。

（5）isupper( ) 方法。该方法用于检查字符串中是否至少包含一个字母字符，并且所有字母字符是否都是大写字母。如果字符串中至少包含一个字母字符并且所有字母字符都是大写字母，则返回 True，否则返回 False。

（6）istitle( ) 方法。该方法用于检查字符串中是否至少包含一个字母字符，并且字符串中每个单词的首字母均大写，其余字母均小写。如果符合这个规则，则返回 True，否则返回 False。

（7）startswith( ) 方法。该方法用于检测字符串是否以指定子字符串开头，如果是，则返回 True，否则返回 False。

（8）endswith( ) 方法。该方法用于检测字符串是否以指定子字符串结尾，如果是，则返回 True，否则返回 False。

判断字符串的组成的这些方法的格式类似，其中 isalpha( ) 方法的一般语法格式如下：

```
string.isalpha()
```

例 4-16 判断字符串中字符的组成。

```
string1='Application'
print('-----判断字符串是否只由字母组成-----')
print(string1.isalpha())
string2='MP4'
print('-----判断字符串是否只由数字组成-----')
print(string2.isdigit())
print('-----判断字符串是否均由数字或字母组成-----')
print(string2.isalnum())
string3='Python is my favorite language!'
print('-----判断字符串中的字母是否均是小写-----')
print(string3.islower())
print('-----判断字符串中的字母是否均是大写-----')
print(string3.isupper())
string4='Python Is My Favorite Language!'
print('-----判断字符串是否首字母大写-----')
print(string4.istitle())
```

程序运行结果如下：

```
-----判断字符串是否只由字母组成-----
True
-----判断字符串是否只由数字组成-----
False
-----判断字符串是否均由数字或字母组成-----
True
-----判断字符串中字母是否均是小写-----
False
-----判断字符串中字母是否均是大写-----
False
-----判断字符串是否首字母大写-----
True
```

startswith( ) 方法用于检查字符串是否以指定的前缀开头，其一般语法格式如下：

```
string.startswith(substring,start,end)
```

其中，string 表示要检查的字符串对象；substring 表示要检查的子字符串；start 表示要开始检查的索引位置，默认为 0；end 表示要结束检查的索引位置，默认为字符串的长度。

endswith( ) 方法与 startswith( ) 方法类似，只是它检查字符串的末尾而不是开头。如果字符串以指定的后缀结尾，则该方法返回 True，否则返回 False。

例 4-17 字符串的检查。

```
string='Jingle bells, Jingle bells, Jingle all the way.'
print('-----判断是否以特定子字符串开头-----')
print(string.startswith('Jingle'))
print(string.startswith('jingle'))
print('-----判断是否以特定子字符串结尾-----')
print(string.endswith('way'))
print(string.endswith('bells',0,12))
```

程序运行结果如下：

```
-----判断是否以特定子字符串开头-----
True
False
-----判断是否以特定子字符串结尾-----
False
True
```

4.4.6 字符串的格式化

字符串的格式化是指将字符串按照一定格式对齐。字符串的格式化方法的具体用法如下。

（1）ljust( ) 方法。该方法用于将字符串左对齐并在右侧填充指定字符（通常是空格），以使字符串达到指定的宽度。该方法在文本对齐和格式化输出时非常有用。

（2）rjust( ) 方法。该方法与 ljust( ) 方法类似，用于将字符串右对齐并在左侧填充指定字符（通常是空格），以使字符串达到指定的宽度。

（3）center( ) 方法。该方法用于将字符串居中对齐并在两侧填充指定字符（通常是空格），以使字符串达到指定的宽度。

字符串的格式化方法的语法格式相似，ljust( ) 方法的一般语法格式如下：

```
string.ljust(width,fillchar)
```

其中，string 表示要对齐和填充的字符串对象；width 表示宽度，即最终字符串的长度，包括原始字符串和填充字符；fillchar 表示用于填充的字符，默认为空格。

ljust( ) 方法返回一个新的字符串，该字符串是原始字符串左对齐并用指定字符填充到指定宽度的结果。

例 4-18 字符串的格式化方法。

```
string='Jingle bells'
print('------左对齐------')
print(string.ljust(30,'*'))
print('------右对齐------')
print(string.rjust(30))
print('------居中对齐------')
print(string.center(30,'*'))
```

程序运行结果如下：

```
------左对齐------
Jingle bells******************
------右对齐------
                  Jingle bells
------居中对齐------
*********Jingle bells*********
```

ljust( ) 方法的第一个参数 30 表示指定的新字符串的长度，第二个参数 '*' 表示填充字符，即在原字符串对齐后，使用该字符将原字符串填充至指定的新字符串的长度。rjust( ) 方法的第二个参数缺失时，字符串默认用空格填充。

4.4.7 删除字符串中的指定字符

字符串的删除方法用于将字符串中指定的子字符串删除。这些方法的具体用法如下。

（1）strip( ) 方法。该方法用于删除字符串开头和结尾的指定字符（通常是空格），常用于去除字符串中不需要的空白字符或其他特定字符。

（2）lstrip( ) 方法。该方法用于删除字符串开头的指定字符（通常是空格）。

（3）rstrip( ) 方法。该方法用于删除字符串结尾的指定字符（通常是空格）。

字符串的删除方法的用法相似，其中 strip( ) 方法的一般语法格式如下：

```
string.strip(chars)
```

其中，string 表示要操作的原字符串对象；chars 指定要从原字符串开头和结尾删除的字符。chars 参数缺省时，默认为删除空格。

例 4-19 删除字符串中指定的字符。

```
string='   Jingle bells*****'
print('------删除左边指定字符------')
print(string.lstrip())
```

```
string='   Jingle bells*****'
print('------ 删除右边指定字符 ------')
print(string.rstrip('*'))
string='*****Jingle bells*****'
print('------ 删除两边指定字符 ------')
print(string.strip('*'))
```

程序运行结果如下：

```
------ 删除左边指定字符 ------
Jingle bells*****
------ 删除右边指定字符 ------
   Jingle bells
------ 删除两边指定字符 ------
Jingle bells
```

4.4.8 字符串的分割

▲字符串的分割

字符串的分割方法可以将字符串按照其中包含的指定字符进行分割，如按照空格将整个字符串按单词进行分割，生成单词列表。

（1）split( ) 方法。该方法从左向右寻找分隔符（默认为空格），将字符串按照分隔符进行分割，生成列表，并删除分隔符。

split( ) 方法的一般语法格式如下：

```
string.split(sep,maxsplit)
```

其中，string 表示要操作的原字符串对象；sep 表示用作分隔符的字符串，默认为空格；maxsplit 表示拆分次数，默认值为 -1，表示无限制拆分。

例 4-20 使用 split( ) 方法进行字符串分割。

```
string='Jingle bells, Jingle bells, Jingle all the way.'
print(string.split())
print(string.split(','))
print(string.split(',',1))
```

第一次使用 split( ) 方法时，两个参数均缺失，则以空格为分隔符分割整个字符串；第二次使用该方法时，分割次数缺失，则以指定分隔符“,”分割整个字符串；第三次使用该方法时，分割次数为 1，以指定分隔符“,”将整个字符串分割成两个子字符串。最终程序运行结果如下：

```
['Jingle','bells,','Jingle','bells,','Jingle','all','the','way.']
['Jingle bells',' Jingle bells',' Jingle all the way.']
['Jingle bells',' Jingle bells,Jingle all the way.']
```

（2）rsplit( ) 方法。该方法从右向左寻找分隔符（默认为空格），将字符串按照分隔符进行分割，并丢弃分隔符。rsplit( ) 方法的格式及用法与 split( ) 方法类似。

（3）splitlines( ) 方法。该方法从左向右寻找换行符（\n）并按其对字符串进行分割。splitlines( ) 方法的一般语法格式如下：

```
string.splitlines(keepends)
```

其中，string 表示要操作的原字符串对象；keepends 是一个布尔值，默认为 False。如果设置 keepends 为 True，则在每行的末尾保留换行符；如果设置 keepends 为 False，则删除换行符。

例 4-21 使用 splitlines( ) 方法对字符串进行分割。

```
sentence='How are you!\nNice to meet you!\n'
sentence_list=sentence.splitlines()
print(sentence_list)
```

程序运行结果如下：

```
['How are you!','Nice to meet you!']
```

（4）partition( ) 方法。该方法在字符串中搜索分隔符，将字符串分成 3 个部分：分隔符左边的子字符串、分隔符本身和分隔符右边的子字符串。partition( ) 方法的一般语法格式如下：

```
string.partition(separator)
```

其中，string 表示要操作的原字符串对象；separator 表示用于分隔的字符串。

例 4-22 使用 partition( ) 方法进行字符串分割。

```
sentence= 'The science of today is the technology of tomorrow. -Edward
Teller'
sentence_partition= sentence.partition('-')
print(sentence_partition)
```

程序运行结果如下：

```
('The science of today is the technology of tomorrow.','-','Edward Teller')
```

4.4.9 字符串的修改

▲字符串的修改

Python 中的字符串是不可更改的，如果直接修改，则程序会报错。

例 4-23 直接修改字符串报错。

```
string='Python'
string[0]='A'
```

程序运行结果如下：

```
TypeError:'str' object does not support item assignment
```

如果想改变一个字符串，则需要使用旧的字符串片段生成一个新的字符串。

例 4-24 使利用旧字符串片段生成新字符串。

```
string='Python'
string = 'A' + string[1:]
print(string)
```

程序运行结果如下：

```
Aython
```

4.5 应用例题解析

例 4-25 编写程序，分别提取字符串中的奇数索引和偶数索引对应的字符。当用户输入一个字符串时，将下标为偶数的字符提取出来，合并成一个新的字符串 A，再将下标为奇数的字符提取出来，合并成一个新的字符串 B，最后将字符串 A 和 B 连接起来并输出。

解析： 该例的主要目标是分别提取下标为奇数和偶数的字符，可以使用字符串的切片和索引对字符进行提取。设置起始下标为 0，步长为 2，提取下标为奇数的字符；设置起始下标为 1，步长为 2，提取下标为偶数的字符。分别将提取后的字符保存到不同的字符串中，然后使用连接运算符“+”将奇数索引字符串和偶数索引字符串连接起来并输出。

参考程序如下：

```
string_raw=input('请输入字符串 A:')
string_ji=string_raw[::2]
string_ou=string_raw[1::2]
string_all=string_ji+string_ou
print(string_all)
```

程序运行结果如下：

```
请输入字符串 A: Hello World!
HloWrdel ol!
```

例 4-26 编写程序，实现隐蔽电话号码（或身份证号码）。当使用手机号码（或身份证号码）在网站注册账户信息时，为了保证用户的信息安全性，通常手机号码（或身份证号码）只显示后 4 位，其余的用“*”代替。从键盘输入任意一个电话号码（或身份证号码），输出隐蔽号码后的结果。例如，输入电话号码 13812345678，输出 *******5678。

解析： 先使用 len( ) 方法计算输入的字符串 call_number 的长度 len_number，然后使用字符串切片，提取字符串 call_number 的最后 4 位，输出 len_number − 4 个“ * ”以及 call_number 的后 4 位字符。

参考程序如下：

```
call_number=input('请输入电话号码:')
len_number=len(call_number)
print('*'*(len_number-4),call_number[-4:])
```

程序运行结果如下：

```
请输入电话号码：15687945612
*******5612
```

例 4-27 编写程序，任意输入一个数据（可以是正数或负数，可以是整数，也可以是带小数点的浮点数），判断这个数据是几位数（只计算整数部分）。

解析： 判断数据的位数，只需要计算该数据的整数部分，则只考虑小数点左边数据的位数即可。因此可以将输入的数据看成字符串，使用 a 来保存该字符串的整数位数。先设置 a 为字符串总长度，然后判断该字符串中是否包含小数点，如果包含，则使用 index( ) 方法找到小数点所在的索引 i，将 i 赋值给 a，否则 a 值不变。还需要进一步考虑负数的情况，如果输入的数据为负数，则负号占一个字符，因此整数部分的长度应该为 a-1。

参考程序如下：

```
num=input('请输入数据:')
i=0
a=len(num)
if num.find('.')!=-1:
    i=num.index('.')
    a=i
if num[0]=='-':
    a=a-1
print(a)
```

程序运行结果如下：

```
请输入数据：12546
5
```

例 4-28 设置密码并判断密码的正确性，模拟设置密码功能。要求从键盘输入密码，判断用户输入的密码是否合法。密码编码要求：长度在 6 ~ 10 位之间；由字母和数字混合组成，不能只包含其中的一种字符。设置密码后，从键盘输入密码，判断用户输入的密码是否正确，判断时，密码不区分大小写。

解析：该例分成两部分，即设置密码和输入密码。使用 password 变量保存设置的密码字符串。设置密码部分需要满足两个条件，任意一个条件不满足，则设置密码不成功。pa_isok 为指示变量，该变量的初始值为 1，两个条件中任意一个不满足时，将指示变量 pa_isok 设置为 0，输出“密码不合法”。设置密码成功后，再次输入密码，验证该密码是否与设置的密码相同。当 pa_isok 指示变量为 1 时，说明该密码已经设置成功，再次输入密码，判断该密码是否与设置的密码相同，如果相同，则输出“密码正确”，否则输出“密码不正确”。

参考程序如下：

```
password=input('请输入密码:')
pa_isok=1
p_len=len(password)
while(p_len>10 or p_len<6)or(password.isalpha()or password.isdigit()):
    pa_isok=0
    print('密码不合法')
    password=input('请输入密码:')
    p_len=len(password)
    pa_isok=1
while pa_isok==1:
    pass_again=input('请再次输入密码:')
    if pass_again.lower()==password.lower():
        print('密码正确')
        break
    else:
        print('密码不正确，请重新输入:')
```

程序运行结果如下：

```
请输入密码：123
密码不合法
请输入密码：1234567234
密码不合法
请输入密码：werwerwre
密码不合法
请输入密码：123qwe
请再次输入密码：sdf234
密码不正确，请重新输入：
请再次输入密码：123qwe
密码正确
```

习 题 4

1. 单选题

（1）以下________不是正确的字符串。

A. 'He said:"hello"'

B. "He said:\"hello\""

C. "He said:"hello""

D. '''He said:\"hello\"'''

（2）"hello" * 2 + "world" * 2 的结果是________。

A. helloworld2

B. helloworldhelloworld

C. helloworldworld

D. hellohelloworldworld

（3）以下程序的输出结果为________。

```
str1 = "examination,example....wow!!!"
str2 = "exam"
print(str1.find(str2,11))
```

A. 0　　B. 2

C. 12　　D. −1

（4）使用________符号可对整型数据进行格式化。

A. %c　　B. %f

C. %d　　D. %s

（5）字符串 'Hello World' 中，字符 'W' 对应的下标位置为________。

A. 4　　B. 5

C. 6　　D. 7

（6）字符串的 strip( ) 方法的作用是________。

A. 删除字符串头尾的指定字符

B. 删除字符串末尾的指定字符

C. 删除字符串开头的指定字符

D. 通过指定分隔符对字符串切片

（7）Python 中使用________组成转义字符。

A. /　　B. \

C. #　　D. %

（8）Python 不支持的数据类型有________。

A. char　　B. int

C. float　　D. string

（9）设有字符串 text="Hello World"，text[3:7] 的值是________。

A．llo W　　　　B．lo W

C．lo Wo　　　　D．llo

2. 编程题

（1）回文字符串的检查。输入一个字符串，检查该字符串是不是回文字符串，即字符串正向读和反向读都一样，如果字符串是回文字符串，则输出 True，否则输出 False。例如，单词 noon、level 都是回文字符串。

▲习题参考答案

（2）字符串去重。输入一个字符串，去除该字符串中重复的字符，保持原始字符的顺序。例如，输入字符串 "programming"，经过去重后，得到 "progamin"。所有重复的字符都被去除，只保留了第一次出现的字符。

（3）反转单词。输入一个字符串，将字符串中单词的顺序反转。例如，字符串 "Have a Good Day" 反转后变成 "Day Good a Have"。

上机实验 4

1. 实验目的及要求

（1）了解字符在计算机中的存储方式。

（2）了解字符串的切片与索引。

（3）掌握字符串的常用方法及其应用。

2. 实验案例

案例 1　补充程序：输入一段文本，分别统计其中元音字母 a、e、i、o、u 的个数，不区分大小写，输入与输出的各个单词之间均使用空格分隔。输入与输出样例如下：

Welcome to the Python world. Are you ready?

输出样例：

元音字母 a，e，i，o，u 对应的个数分别为：2 5 0 5 1

实验步骤

（1）设定 5 个变量，分别代表 5 个元音字母的个数。

（2）使用字符串方法 lower( ) 对字符串进行转换，将所有字母变成小写。

（3）使用字符串 count( ) 方法分别计算输入的字符串中每个元音字母的个数。

程序代码如下：

```
text=input("请输入一段话")
text=text.lower()
num_a=text.count('a')
num_e=text.count('e')
num_i=_______
num_o=text.count('o')
num_u=text.count('u')
```

```
    print("元音字母 a,e,i,o,u 对应的个数分别为:",__________,num_e,num_i,num_o,
num_u)
```

案例 2 补充程序：实现校验码的转换功能。校验码的计算规则为字符串中每个字符的 ASCII 码值相加求和，将该和数除以 10，取余数作为校验码。当输入一个字符串和一个校验码时，要求编写程序验证输入的字符串和校验码是否匹配，即校验字符串的校验码是否与给定的校验码相同。如果相同，则输出“校验码正确”，否则输出“校验码错误，请重新输入”。具体样例如表 4-4 所示。

表 4-4 校验字符串的校验码的样例

输入样例	输出样例
"hello" 2	校验码正确
"world" 7	校验码错误，请重新输入

实验步骤

（1）使用 input( ) 函数分别获取输入的字符串和校验码。

（2）使用 ord( ) 函数获取字符对应的 ASCII 码值。

（3）使用取余运算符（%）获取一个数的余数，与给定的校验码进行比较，并输出结果。

程序代码如下：

```
# 获取输入的字符串和校验码
string = input("请输入需要校验的字符串:")
check_code = int(input("请输入校验码:"))
# 初始化校验码为 0
calculated_check_code = 0
# 遍历字符串中的每个字符
for char in _______:
    # 将字符的 ASCII 码值相加
    calculated_check_code += _______
# 将校验码对 10 取余，得到的余数与给定的校验码进行比较，并输出结果
if calculated_check_code % 10 == _______:
    print("校验码正确")
else:
    print("校验码错误，请重新输入")
```

程序运行结果如下：

```
请输入需要校验的字符串：hello
请输入校验码：2
```

```
校验码正确
请输入需要校验的字符串：world
请输入校验码：7
校验码错误，请重新输入
```

案例 3 补充程序：识别数据类型。输入一行字符，统计其中英文字母、空格、数字和其他字符的个数。

实验步骤

（1）根据字符串中每个字符的 ASCII 码值判断其类型，如数字 0 ～ 9 对应的 ASCII 码值为 48 ～ 57，大写字母 A ～ Z 对应的 ASCII 码值为 65 ～ 90，小写字母 a ～ z 对应的 ASCII 码值为 97 ～ 122。

（2）使用 ord( ) 函数将字符转换为 ASCII 码值，可以先找出各类型的字符，然后分别计算不同类型字符的个数。

程序代码如下：

```
sentence=input("请输入一句话")
letter=0
space=0
number=0
other=0
for i in sentence:
    if ord(i)in range(65,91)or ord(i)in _______:
        letter+=1
    elif i==' ':
        space+=1
    elif ord(i)in range(48,58):
        _______
    else:
        other+=1
print("输入的语句中包含：英文字母 %d 个，空格 %d 个，数字 %d 个，其他字符 %d 个"
%(letter,_______,number,other))
```

第 5 章 组合数据类型

本书第 2 章和第 4 章已经介绍了整型、浮点型、布尔型、字符串型等 Python 的基本数据类型，以及使用这些数据类型表示不同数据的方法。在很多实际应用中，仅仅利用基本数据类型表示单一量是不够的，还需要表示存在相互关系的一组量，这就要借助组合数据类型。组合数据类型可以将多个同类型或者不同类型的数据组织起来统一表示，方便后续的数据处理。Python 共有列表、元组、集合和字典 4 种组合数据类型。

5.1 列表

列表（list）是一种可以包含多个元素的有序序列，具有长度和元素值可变的特点，其操作非常灵活，是 Python 中使用频率很高的一种组合数据类型。

5.1.1 列表的创建

列表用一对中括号“[]”表示，其中包括所有元素，元素之间用逗号隔开。

例 5-1 创建列表。

```
# 创建有 6 个元素的列表
ranks = ['篮球','乒乓球','足球','橄榄球','曲棍球','棒球']
# 列表的元素可以是不同的基本类型数据，也可以是另一种组合类型数据
list1 = [97.5,68,'Python',True]
list2 = [97.5,[68,35.7],'Python']
```

通过例 5-1 不难发现，列表中的元素可以是不同类型的，甚至可以是另一个列表。

5.1.2 列表的基本操作

▲多维列表

由于列表具有可变、有序等特性，所以列表的操作是非常丰富的。

1. 访问列表元素

1）索引

列表中的每个元素都有自己的位置，从左往右可以依次用 0，1，2，…这样的正整数

表示，称为索引（或下标）。以例 5-1 中的 list1 列表为例，97.5 是第一个元素，其索引为 0；68 是第二个元素，其索引为 1，以此类推。

如果列表的长度较长，用上面的形式表示列表的结尾元素不太方便。列表的索引也可以从右往左依次用 -1，-2，-3，…这样的负整数表示。因此，list1 列表的最后一个元素 True，其索引可以表示为 -1；倒数第二个元素 'Python'，其索引为 -2；等等。列表的元素和索引的对应关系可以用图 5-1 表示。

正索引	0	1	……	n-2	n-1
	第 1 个元素	第 2 个元素	第…个元素	第 n-1 个元素	第 n 个元素
负索引	-n	-(n-1)	……	-2	-1

图 5-1　列表的元素和索引的关系

有了列表索引，就可以访问列表中的任何一个元素了，也可以结合赋值语句修改列表中某一元素的值。

例 5-2　列表索引。

```
# 定义一个列表
list1 = [97.5,68,'Python',True]
# 用列表名 [索引] 的形式访问某一元素
print(list1[1])
print(list1[-2])
# 修改第三个元素的值
list1[2] = 35
print(list1)
```

程序运行结果如下：

```
68
Python
[97.5,68,35,True]
```

2）切片

在很多实际应用中，需要提取列表中的某几个元素，这时就需要利用切片。切片就是从列表中截取部分元素，其语法格式如下：

```
列表名 [start:stop:step]
```

其中，start 表示起始索引，默认值为 0；stop 表示终止索引，默认值为列表长度（元素个数）；step 表示步长，正、负整数均可，默认值为 1。

需要特别注意的是，切片从起始索引的元素开始，并结束于终止索引的前一个元素，并不包含终止索引的元素本身。例如，有 list1 = [0,35,-11,897,3.14,2.854,-101,83]，则切片 list1[2:6] 的结果是 [-11,897,3.14,2.854]，也就是提取从索引为 2 到索引为 5 的 4 个元素，并不包含索引为 6 的元素。

例 5-3 列表的切片。

```
list1 = [0,35,-11,897,3.14,2.854,-101,83]
# 索引 2 到 5 的切片
print(list1[2:6])
# 索引 0 到 6 的切片
print(list1[:7])
# 索引 3 到列表结尾的切片
print(list1[3:])
# 索引 1 到 6 的切片，步长为 2
print(list1[1:7:2])
# 索引 -2 到 -6 的切片，步长为 -1
print(list1[-2:-7:-1])
# 逆序输出列表，也可以直接利用 reverse() 方法
print(list1[::-1])
```

程序运行结果如下：

```
[-11,897,3.14,2.854]
[0,35,-11,897,3.14,2.854,-101]
[897,3.14,2.854,-101,83]
[35,897,2.854]
[-101,2.854,3.14,897,-11]
[83,-101,2.854,3.14,897,-11,35,0]
```

2. 增加列表元素

1）extend( ) 方法

调用 extend( ) 方法，可以在列表末尾追加元素。注意，该方法的参数必须是可迭代对象。

例 5-4 列表的 extend( ) 方法。

```
score_g1 = [75,68,99,87.5,80]
score_g2 = [95,76,69,73,90]
# 将列表 score_g2 的所有元素追加到列表 score_g1 的末尾
score_g1.extend(score_g2)
print(score_g1)
```

程序运行结果如下：

```
[75,68,99,87.5,80,95,76,69,73,90]
```

2）append( ) 方法

append( ) 方法的功能和 extend( ) 方法相同，也是在列表末尾追加元素。不同点在于，append( ) 方法的参数可以是不可迭代对象，当其参数为可迭代对象时，则会将该可迭代对

象作为一个整体追加到列表末尾。

例 5-5 列表的 append( ) 方法。

```
score_g1 = [75,68,99,87.5,80]
score_g2 = [95,76,69,73,90]
# 将 100 这个值追加到列表 score_g1 的末尾
score_g1.append(100)
print(score_g1)
# 将列表 score_g2 追加到列表 score_g1 的末尾
score_g1.append(score_g2)
print(score_g1)
```

程序运行结果如下：

```
[75,68,99,87.5,80,100]
[75,68,99,87.5,80,100,[95,76,69,73,90]]
```

3）insert( ) 方法

利用 insert( ) 方法可以在列表的指定位置插入元素，其语法格式如下：

```
列表名.insert(index,element)
```

其中，index 表示要插入位置的索引，element 表示待插入值。

例 5-6 列表的 insert( ) 方法。

```
fruits = ['香蕉','苹果','葡萄','芒果','荔枝']
# 在索引为 2 的位置插入元素
fruits.insert(2,'杨梅')
print(fruits)
```

程序运行结果如下：

```
['香蕉','苹果','杨梅','葡萄','芒果','荔枝']
```

3. 删除列表元素

1）pop( ) 方法

利用 pop( ) 方法可以删除列表中指定位置的元素，其参数就是待删除元素的索引，默认为 -1，函数返回值为删除的元素。例如，对于列表 score_g1 = [75,68,99,87.5,80]，score_g1.pop(3) 的结果是列表 [75,68,99,80]，函数返回值为 87.5；而 score_g1.pop( ) 的结果是列表 [75,68,99,87.5]，即删除最后一个元素，函数返回值为 80。

2）remove( ) 方法

remove( ) 方法的功能和 pop( ) 方法相似，也可以用来删除列表元素，主要区别在于，remove( ) 方法的参数是待删除的元素，而不是索引。如果列表中不存在指定的元素，则程序会报错。例如，对于列表 score_g1 = [75,68,99,87.5,80]，score_g1.remove(68) 的结果是列表 [75,99,87.5,80]。需要注意的是，如果列表中有几个相同的元素，remove( )

方法只能删除第一个元素。例如，列表 list1 = [35,77,97,90,97,75,97]，list1.remove(97) 的结果是列表 [35,77,90,97,75,97]，只有第一个 97 被删除。

3）clear( ) 方法

clear( ) 方法的作用是删除列表的所有元素，该列表变为一个空列表。例如，列表 list1 = [35,77,97,90,97,75,97]，list1.clear( ) 的结果是 []。

4. 列表排序

1）sorted( ) 函数

sorted( ) 函数有两个常用参数，一个参数是待排序的序列，另一个参数是 reverse，用来指定升序或降序排列。reverse 参数的默认值为 False，即升序排列，如果将其改为 True，则为降序排列。sorted( ) 函数不会改变列表本身。

例 5-7 sorted( ) 函数的使用。

```
scores = [75,68,99,87.5,80,95,76,69,73,90]
# 使用 sorted() 函数排序，默认为升序排列
asc_scores = sorted(scores)
print(asc_scores)
# reverse 参数为 True，表示降序排列
desc_scores = sorted(scores,reverse=True)
print(desc_scores)
# sorted() 函数不会改变列表本身
print(scores)
```

程序运行结果如下：

```
[68,69,73,75,76,80,87.5,90,95,99]
[99,95,90,87.5,80,76,75,73,69,68]
[75,68,99,87.5,80,95,76,69,73,90]
```

2）sort( ) 方法

sort( ) 方法的功能和 sorted( ) 函数类似，但是 sort( ) 方法会直接修改原始列表。

例 5-8 sort( ) 方法的使用。

```
scores = [75,68,99,87.5,80,95,76,69,73,90]
# 使用 sort() 方法排序，默认为升序排列
scores.sort()
# 会直接改变原始列表
print(scores)
# reverse 参数为 True，表示降序排列
scores.sort(reverse=True)
print(scores)
```

程序运行结果如下：

```
[68,69,73,75,76,80,87.5,90,95,99]
[99,95,90,87.5,80,76,75,73,69,68]
```

5. 计算列表长度

可以使用内置函数 len( ) 得到列表长度，即列表的元素个数。例如，len([35,78,91,103,45]) 的返回值是 5。

6. 统计元素出现的次数

利用 count( ) 方法可以统计某个元素在列表中出现的次数。例如，有列表 list1 = [10,10,12,14,10,11,15,12]，则 list1.count(10) 的结果为 3，而 list1.count(13) 的结果为 0，通过这种方式也可以查看某一个元素是否在列表中。

另外，利用 in 运算符也可以查看某一个元素是否在列表中。例如，语句“13 in list1”的结果为 False，而“12 in list1”的结果为 True。

5.1.3 列表推导式

列表推导式也称为列表解析式，是 Python 独有的一种形式。使用列表推导式可以更高效、更简洁地处理迭代对象，并将结果以列表的形式输出。列表推导式的一般形式如下：

```
[表达式 for 循环变量 in 序列]
```

例 5-9 列表推导式的使用。

```
num1 = [3,5,7,9,11]
# 利用列表推导式生成 num2 列表，其元素值是列表 num1 中对应元素的平方
num2 = [i ** 2 for i in num1]
print(num2)
```

▲强大的列表推导式

程序运行结果如下：

```
[9,25,49,81,121]
```

例 5-10 循环生成列表。

```
num1 = [3,5,7,9,11]
num2 = []
for i in num1:
    num2.append(i ** 2)
print(num2)
```

通过实例不难发现，两种方法的效果完全相同，但列表推导式显然更加简洁，很符合 Python 语言简单、优雅的特点。

列表推导式还可以包含条件。

例 5-11　带条件的列表推导式。

```
list1 = [37,64,56,99,13,16]
# 带条件的列表推导式
result = [i for i in list1 if i % 2 == 0]
print(result)
```

程序运行结果如下：

```
[64, 56, 16]
```

5.2 元组

元组（tuple）也是 Python 中一种重要的组合数据类型，用一对圆括号表示。元组和列表的主要区别在于，其元素是不能改变的。

5.2.1　元组的创建

在掌握了列表的创建方法后，元组的创建就非常简单了，只需要将方括号改为圆括号即可。

例 5-12　创建元组。

```
# 创建有 5 个元素的元组
tuple1 =(1,3,5,7,9)
print(tuple1)
# 元组的元素可以是不同类型
tuple2 =(1,3,'abc',[12,57,86])
print(tuple2)
# 创建元组时，圆括号不是必需的，但元素之间的逗号不能少
tuple3 = 2,4,6,8,10
print(tuple3)
# 创建只有一个元素的元组时，逗号也不能少
tuple4 =('python',)
print(tuple4)
```

程序运行结果如下：

```
(1,3,5,7,9)
(1,3,'abc',[12,57,86])
(2,4,6,8,10)
('python',)
```

5.2.2 元组的常见操作

元组和列表都是有序序列，它们的操作是非常相似的。但是，由于元组是不可变对象，所以元组并不支持所有改变元素内容或顺序的操作。

例 5-13 元组的常见操作。

```
tuple1 =(3,5,10,1,5,4,-3)
# 元组的索引
print(tuple1[2])
print(tuple1[-1])
# 元组的切片
print(tuple1[:3])
# 计算元组的长度
print(len(tuple1))
# 判断元素是否在元组中
result = 8 in tuple1
print(result)
# 统计某元素出现的次数
print(tuple1.count(5))
# 排序
asc_tuple1 = sorted(tuple1)
print(asc_tuple1)
```

程序运行结果如下：

```
10
-3
(3,5,10)
7
False
2
[-3,1,3,4,5,5,10]
```

对于元组的排序有两点需要注意：第一，利用 sorted( ) 函数对元组排序的结果不是元组，而是列表；第二，元组不能用 sort( ) 方法排序，因为 sort( ) 方法会改变原始序列，而元组是不可变对象。

除了这些和列表一样的操作之外，元组还有一个非常有用的操作。例如，一个三维空间中的点，其 X 轴、Y 轴、Z 轴的坐标值分别为 14、30、−5。在其他程序语言中，通常需要写 3 条赋值语句来完成赋值，但是 Python 提供了一种更简便的赋值方式，称为拆包式赋值。

例 5-14　利用元组进行拆包式赋值。

```
x, y, z = 14,30,-5
print(x)
print(y)
print(z)
```

程序运行结果如下：

```
14
30
-5
```

例 5-14 的第一行代码，是将“14,30,-5”这个元组赋值给“x,y,z”。也就是说，Python 的拆包式赋值是通过元组来完成的。这也体现了 Python 语言简单、优雅的特点。

利用拆包式赋值还可以很简便地完成元素值的调换，而不需要像其他程序语言一样引入中间变量。

例 5-15　利用元组调换两个数的值。

```
a,b = 380,77
# 将 b 的值赋给 a，将 a 的值赋给 b
a,b = b,a
print(a)
print(b)
```

▲元组类型的意义

程序运行结果如下：

```
77
380
```

5.3　集合

Python 中的集合（set）类型和数学中的集合概念相对应，用一对花括号“{}”表示。集合具有元素不重复、无序、可变的特点。

5.3.1　集合的创建

可以用与列表、元组类似的方法来创建集合。

例 5-16　创建集合。

```
# 用花括号表示集合
set1 = {3,5,-10,79,60}
```

```
# 集合元素是无序的，所以输出顺序有可能和定义时不同
print(set1)
# 重复的元素会被去除
set2 = {'足球','乒乓球','篮球','羽毛球','篮球'}
print(set2)
# 用 set() 函数将其他类型的序列转为集合
set3 = set('beautiful')
print(set3)
```

程序运行结果如下：

```
{-10,3,5,60,79}
{'乒乓球','篮球','羽毛球','足球'}
{'a','b','e','f','i','l','t','u'}
```

5.3.2 集合的基本操作

集合的操作有些与列表是相同的，有些是不同的。例如，集合也使用 len( ) 函数计算集合长度、使用 in 运算符判断元素是否在集合中，此处不再赘述。但是，由于集合中的元素是无序的，所以元素无法定位，自然就没有索引、切片和排序操作。集合的其他常见操作还有如下几种。

1. 增加集合元素

1）add( ) 方法

利用 add( ) 方法可以给集合增加元素，如果添加的元素已存在，则不执行任何操作。需要注意的是，add( ) 方法的参数应为可哈希（Hash）对象（指可以计算哈希值且可与其他对象比较是否相等的对象），即不可变对象，否则会产生 TypeError 错误。例如，例 5-17 中，利用语句“set1.add(100)”可以把 100 这个 int 类型的值加入集合 set1 中，但执行语句“set1.add([100,200,300])”时会报错，因为列表是可变对象。

2）update( ) 方法

update( ) 方法可以将新的元素或另一个集合添加到已有集合中，其参数可以是列表、元组、集合、字典等。

例 5-17 增加集合元素。

```
set1 = {3,5,-10,79,60}
set2 = {'足球','乒乓球','篮球'}
set3 = {'足球','羽毛球','冰球'}
# 用 add() 方法
set1.add(100)
print(set1)
# add() 方法的参数必须是可哈希对象
```

```
set1.add(('a','b','c'))
print(set1)
# 用 update()方法
set2.update(set3)
print(set2)
```

程序运行结果如下：

```
{-10,3,5,60,79,100}
{('a','b','c'),-10,100,3,5,60,79}
{'乒乓球','冰球','篮球','羽毛球','足球'}
```

2. 删除集合元素

1）remove( ) 方法和 discard( ) 方法

利用 remove( ) 方法可以移除集合中的指定元素，该方法没有返回值。如果指定元素不存在，就会报错。discard( ) 方法和 remove( ) 方法的功能相同，但指定元素不存在时不会报错。

2）pop( ) 方法

利用 pop( ) 方法可以随机删除集合中的一个元素。由于集合元素的位置是随机的，因此每次执行该方法的结果可能不相同。pop( ) 方法返回被删除的元素值。

例 5-18　删除集合元素。

```
sports = {'乒乓球','冰球','篮球','羽毛球','足球','体操','游泳','滑雪'}
# 用 remove()方法删除集合元素
sports.remove('冰球')
print(sports)
# 用 discard() 方法删除集合元素
sports.discard('足球')
print(sports)
# 用 pop()方法随机删除集合元素
sports.pop()
print(sports)
```

程序运行结果如下：

```
{'足球','乒乓球','羽毛球','篮球','游泳','体操','滑雪'}
{'乒乓球','羽毛球','篮球','游泳','体操','滑雪'}
{'羽毛球','篮球','游泳','体操','滑雪'}
```

5.3.3　集合的运算

数学中的集合有并集、交集等运算，所以 Python 也提供了一些集合运算符。常见的集合运算符如表 5-1 所示，其中 X = {3,5,10,-4,6}，Y = {7,11,-4,18,6}。

表 5-1　常见的集合运算符

运算符	举例	功　能	运算结果
|	X | Y	求 X 和 Y 的并集	{3,5,18,10,7,-4,11,6}
&	X & Y	求 X 和 Y 的交集	{-4,6}
-	X - Y	求 X 和 Y 的差集，即在 X 中但不在 Y 中元素的集合	{3,5,10}
==	X == Y	判断 X 和 Y 是否相同	False
!=	X != Y	判断 X 和 Y 是否不相等	True
>	X > Y	判断 X 是不是 Y 的真超集	False
<	X < Y	判断 X 是不是 Y 的真子集	False

5.4 字典

字典（dict）是 Python 中除了序列数据类型之外的一种很重要的组合数据结构。字典和集合一样，也用一对花括号表示，元素之间用逗号隔开。但不同的是，字典的每个元素都由键（key）和值（value）两部分组成，称为键值对，键和值之间用冒号（:）分隔。例如，{'商品':'铅笔', '单价':1.5} 这个字典中有两个键值对，即 '商品':'铅笔' 和 '单价':1.5；在 '单价':1.5 这个键值对中，'单价' 是键，1.5 是值。一个字典中的键必须是唯一的，但是值可以不唯一。

5.4.1　字典的创建

跟前面 3 种数据结构类似，字典也可以通过赋值语句的形式创建。创建字典要特别注意 3 点：第一，字典中的键是唯一的，不能重复；第二，字典中的键必须是不可变对象，如数字、字符串和元组；第三，字典中的值可以是任何数据类型。

例 5-19　创建字典。

```
dict1 = {'商品':'铅笔','单价':1.5}
print(dict1)
list_goods = ['铅笔','橡皮','直尺','圆规']
list_price = [1.5,1.0,3.5,12.0]
dict2 = {'商品':list_goods,'单价':list_price}
print(dict2)
```

程序运行结果如下：

```
{'商品':'铅笔','单价':1.5}
{'商品':['铅笔','橡皮','直尺','圆规'],'单价':[1.5,1.0,3.5,12.0]}
```

5.4.2　字典的基本操作

字典操作在很多地方与序列是有区别的，常见的字典操作有如下几种。

1. 查看字典的键或值

利用 keys( ) 方法和 values( ) 方法可以分别返回字典中所有的键和值，这对于快速了解数据量大、结构复杂的字典非常有用。

例 5-20　查看字典的键和值。

```
#定义一个字典
list_goods = ['铅笔','橡皮','直尺','圆规','作业本','量角器']
list_price = [1.5,1.0,3.5,12.0,3.0,5.0]
list_amount = [200,100,150,55,150,80]
goods = {'商品':list_goods,'单价':list_price,'数量':list_amount}
#查看字典都有什么键
print(goods.keys())
#查看字典都有什么值
print(goods.values())
```

程序运行结果如下：

```
dict_keys(['商品','单价','数量'])
dict_values([['铅笔','橡皮','直尺','圆规','作业本','量角器'],[1.5,1.0,3.5,12.0,
3.0,5.0],[200,100,150,55,150,80]])
```

2. 访问和修改字典元素

与列表和元组用索引来定位和访问元素不同，字典是利用键来访问元素的，格式为：字典名[键名]。如果指定的键名不存在，系统会报告 KeyError 错误。另外，get( ) 方法也可以用来访问字典元素，其参数也是字典的键，如果指定的键名不存在，则返回 None。

当字典元素被定位后，就可以直接利用赋值语句来修改它的值了。

例 5-21　访问和修改字典元素。

```
#定义一个字典
list_goods = ['铅笔','橡皮','直尺','圆规','作业本','量角器']
list_price = [1.5,1.0,3.5,12.0,3.0,5.0]
list_amount = [200,100,150,55,150,80]
goods = {'商品':list_goods,'单价':list_price,'数量':list_amount}
#访问某一字典元素
print(goods['商品'])
```

```
# 访问“商品”键中的第 3 个值
print(goods['商品'][2])
# 用 get() 方法访问元素
print(goods.get('单价'))
# 将圆规的数量修改为 75
goods['数量'][3] = 75
print(goods)
```

程序运行结果如下：

```
['铅笔','橡皮','直尺','圆规','作业本','量角器']
直尺
[1.5,1.0,3.5,12.0,3.0,5.0]
{'商品':['铅笔','橡皮','直尺','圆规','作业本','量角器'],'单价':[1.5,1.0,3.5,12.0,
3.0,5.0],'数量':[200,100,150,75,150,80]}
```

3. 增加字典元素

Python 提供了非常简便的增加字典元素的方法，只要给不存在的字典元素赋值即可。另外，利用 update( ) 方法可以将两个字典合并，得到新的字典，但如果两个字典有相同的键，则前者会被覆盖。

例 5-22 增加字典元素。

```
# 定义一个字典
list_goods = ['铅笔','橡皮','直尺','圆规','作业本','量角器']
list_price = [1.5,1.0,3.5,12.0,3.0,5.0]
list_amount = [200,100,150,55,150,80]
goods = {'商品':list_goods,'单价':list_price,'数量':list_amount}
# 在 goods 字典中增加“门店代码”这个键值对
goods['门店代码']=['1001','2002','1001','1002','3001','2002']
print(goods)
# 用 update() 方法合并两个字典
info1 = {'name':'Liping','age':25}
info2 = {'city':'Beijing'}
info1.update(info2)
print(info1)
# 如果两个字典有相同的键，则前者会被覆盖
info3 = {'name':'Liubei','city':'Beijing'}
info1.update(info3)
print(info1)
```

程序运行结果如下：

```
{'商品':['铅笔','橡皮','直尺','圆规','作业本','量角器'],'单价':[1.5,1.0,3.5,
```

```
12.0,3.0,5.0],'数量':[200,100,150,55,150,80],'门店代码':['1001','2002','1001',
'1002','3001','2002']}
    {'name':'Liping','age':25,'city':'Beijing'}
    {'name':'Liubei','age':25,'city':'Beijing'}
```

4. 删除字典元素

Python 提供了 pop( ) 和 popitem( ) 方法，用于删除字典元素。pop( ) 方法的参数是待删除的键，返回的是被删除的值；popitem( ) 方法没有参数，会删除并返回字典末尾的键值对。

例 5-23 删除字典元素。

```
info1 = {'name':'Liubei','age':25,'city':'Beijing'}
# 用 pop() 方法删除元素 age
info1.pop('age')
print(info1)
# 用 popitem() 方法删除元素
info1.popitem()
print(info1)
```

程序运行结果如下：

```
{'name':'Liubei','city':'Beijing'}
{'name':'Liubei'}
```

5.5 应用例题解析

例 5-24 某高校正在举行 2023 年校园歌手大赛。比赛共有 10 位评委，计算选手得分的机制是去掉一个最低分、去掉一个最高分后取平均分。已知一位选手得分为 98、93、87、88、85、92、95、88、96、85，请编程计算该选手的最终得分。

解析：首先，本例需要存储的是一组数据，所以选择组合数据类型作为存储方式。其次，考虑到排序等操作的便捷性，所以将得分数据处理为列表类型比较合适。再次，求最高分和最低分也就是求最大值和最小值的操作，可以将得分数据排序后再按索引求出列表的第一个元素和最后一个元素，也可以直接利用内置的 max( )、min( ) 函数求出列表的最大值和最小值。接着，去掉最高分和最低分可以通过删除列表元素的 remove( ) 方法来实现，求最终得分可以通过调用 sum( ) 函数求和，再除以列表元素的总个数来得到平均分，无须遍历求和。最后，可以利用 print( ) 函数完成输出。

参考程序如下：

```
# 将分数存入列表
marks = [98,93,87,88,85,92,95,88,96,85]
```

```
# 求最高分和最低分
marks_max = max(marks)
marks_min = min(marks)
# 删除一个最高分和一个最低分
marks.remove(marks_max)
marks.remove(marks_min)
# 求最后的平均分
marks_avg = sum(marks)/len(marks)
# 输出结果
print('去掉一个最高分:',marks_max)
print('去掉一个最低分:',marks_min)
print('选手的最终得分为:',marks_avg)
```

程序运行结果如下：

```
去掉一个最高分: 98
去掉一个最低分: 85
选手的最终得分为: 90.5
```

例 5-25 模拟系统登录。出于安全等方面的考虑，用户在使用一个应用系统前，都需要先输入用户名、密码后登录。如果输入正确，则提示登录成功，用户可以正常使用系统功能；否则，给出无法登录的提示。请编程模拟一个简单的系统登录过程。

解析：考虑到登录数据一般由用户名和密码两部分组成，而且存在对应关系，程序设计中可以将两部分分别存储为一个列表，但是，字典显然是更合适的存储方式。对比用户名和密码正确与否可以利用 if 语句，根据不同的对比结果给出不同的提示信息。这里主要存在 3 种情况，一是用户名和密码都正确，正常登录；二是用户名正确，密码不匹配，不能登录；三是账号不存在，不能登录。

参考程序如下：

```
# 将账户信息存入字典
accounts = {'admin':'abc123',
            'test01':'!@#123',
            'wx2022':'python_789',
            'zzy':'20180706',
            'wda305':'Happy_2022'}
# 接收用户输入的用户名和密码
username = input('请输入用户名:')
psd = input('请输入密码:')
# 对比用户名和密码
if username in accounts.keys():
    if accounts[username] == psd:
```

```
        print('欢迎登录！')
    else:
        print('您输入的密码不正确，无法登录！')
else:
    print('您输入的账号不存在！')
```

程序运行结果如下（分 3 种情况）：

（1）正常登录。

```
请输入用户名：wx2022
请输入密码：python_789
欢迎登录！
```

（2）密码不匹配。

```
请输入用户名：wx2022
请输入密码：123
您输入的密码不正确，无法登录！
```

（3）账号不存在。

```
请输入用户名：wx
请输入密码：123
您输入的账号不存在！
```

读者还可以在本例的基础上尝试增加一点难度，如每次登录给 3 次尝试机会，机会用完后就不能再登录，等等。

例 5-26 中华小曲库，挑战接歌词。程序从歌词库中随机给出一句歌词，用户接出下一句，答对 3 次算挑战成功，只要答错 1 次就提示挑战失败。

解析： 与例 5-25 类似，在 Python 的数据类型中，字典是解决本例的问题较为合适的数据结构。随机出题功能的实现，可以利用 random 标准库生成随机数，抽取题库字典中的相应元素。另外，利用循环结构实现多次出题，并结合计数和 break 语句控制 3 次挑战后结束循环的思路来控制挑战次数。

参考程序如下：

```
import random
# 将歌词存入字典，构成歌词库
songs = {'晚风轻拂澎湖湾，白浪逐沙滩':'没有椰林缀斜阳，只是一片海蓝蓝',
         '还记得你说家是唯一的城堡':'随着稻香河流继续奔跑',
         '天青色等烟雨而我在等你，月色被打捞起晕开了结局':
         '如传世的青花瓷自顾自美丽，你眼带笑意',
         '虽不曾看见长江美':'梦里常神游长江水',
         '爱你孤身走暗巷，爱你不跪的模样':'爱你对峙过绝望，不肯哭一场',
         '我是一只小小小小鸟':'想要飞呀飞，却飞也飞不高',
```

```
        '抚流光一砖一瓦岁月浸红墙':'叹枯荣一花一木悲喜经沧桑',
        '一条大河波浪宽':'风吹稻花香两岸'
}
# 记录答对的次数，初始值为 0
n = 0
# 将歌词字典的键转为一个列表，便于随机抽取
song_list = list(songs.keys())
while True:
    if n == 3:
        print('恭喜你挑战成功！')
        break
    # 生成随机数
    rand_num = random.randint(0,7)
    # 利用这个随机数抽取字典中的某个键
    question = song_list[rand_num]
    print(question)
    answer = input('下一句是:')
    # 判断是否回答正确
    if answer == songs[question]:
        print('恭喜你答对了！')
        print('-----------------------------------------------------')
        n = n + 1
    else:
        print('-----------------------------------------------------')
        print('很遗憾你答错了，游戏结束。')
        break
```

程序运行结果如下（分两种情况）：

（1）挑战成功的运行结果。

```
爱你孤身走暗巷，爱你不跪的模样
下一句是：爱你对峙过绝望，不肯哭一场
恭喜你答对了！
-----------------------------------------------------
还记得你说家是唯一的城堡
下一句是：随着稻香河流继续奔跑
恭喜你答对了！
-----------------------------------------------------
天青色等烟雨而我在等你，月色被打捞起晕开了结局
下一句是：如传世的青花瓷自顾自美丽，你眼带笑意
恭喜你答对了！
```

```
--------------------------------------------------
恭喜你挑战成功!
```

（2）未挑战成功的运行结果。

```
晚风轻拂澎湖湾，白浪逐沙滩
下一句是：外婆的澎湖湾
--------------------------------------------------
很遗憾你答错了，游戏结束。
```

读者可尝试拓展本例的功能，如给题目设置分值，挑战结束后给出得分，等等。

例 5-27　模拟买菜程序。随着移动技术的普及，各类买菜程序应运而生。请利用 Python 模拟一个简单的买菜程序。程序给出菜品名称和库存数量，用户每次输入一个菜品名称和数量，直到输入字母“q”结束。程序记录和输出用户所购买的菜品，并去除相应库存。

解析： 考虑到有菜品名称和对应的库存数量这样两组相关数据需要存储，所以利用字典来存储数据是较为合适的。在用 input( ) 函数接收用户输入的菜品名称和数量时，应注意菜品数量是数值类型，而 input( ) 函数的返回值是字符串，所以需要用 eval( ) 函数进行转换。菜品信息与菜品数据的对比可以用 if 语句记录和处理不同情况，并更新字典对应的库存值。

参考程序如下：

```
goods = {'大白菜':25,
         '玉米':20,
         '茄子':15,
         '上海青':17,
         '蘑菇':10,
         '豆腐':12,
         '鸡腿':23,
         '排骨':8}
# 用一个新字典记录用户的下单信息，初始值为空
order = {}
# 给出所有菜品名称，供用户选择
cai = list(goods.keys())
for i in cai:
    print(i)
print('以上是今天的所有菜品，请选择:')
print('--------------------------------------')
while True:
    cai_name = input('请输入菜品名称:')
    if cai_name == 'q':
```

```
            break
        if goods[cai_name] == 0:
            print('对不起，今天的 %s 已经卖光啦！'%(cai_name))
            continue
        cai_num = eval(input('请输入菜品数量:'))
        if goods[cai_name] < cai_num:
            print('对不起，今天的 %s 只有 %d 份了！'%(cai_name,goods [cai_name]))
            continuc
        else:
            order[cai_name] = cai_num
            goods[cai_name] = goods[cai_name] - cai_num
print('------------------------------------')
print('您下单的有:',order)
print('谢谢惠顾，欢迎下次光临！')
```

程序运行结果如下：

```
大白菜
玉米
茄子
上海青
蘑菇
豆腐
鸡腿
排骨
以上是今天的所有菜品，请选择：
----------------------------------------
请输入菜品名称：大白菜
请输入菜品数量：3
请输入菜品名称：排骨
请输入菜品数量：1
请输入菜品名称：豆腐
请输入菜品数量：1
请输入菜品名称：q
----------------------------------------
您下单的有:{'大白菜':3,'排骨':1,'豆腐':1}
谢谢惠顾，欢迎下次光临！
```

此时，如果再次查看 goods 字典的值会发现，相应的库存值都减少了。

```
{'大白菜': 22,
'玉米': 20,
```

```
    '茄子': 15,
    '上海青': 17,
    '蘑菇': 10,
    '豆腐': 11,
    '鸡腿': 23,
    '排骨': 7}
```

如果下单的菜品数量超过库存，就会有相应提示，程序运行结果如下：

```
大白菜
玉米
茄子
上海青
蘑菇
豆腐
鸡腿
排骨
以上是今天的所有菜品，请选择：
------------------------------------------
请输入菜品名称：茄子
请输入菜品数量：1
请输入菜品名称：排骨
请输入菜品数量：9
对不起，今天的排骨只有 7 份了！
请输入菜品名称：排骨
请输入菜品数量：5
请输入菜品名称：q
------------------------------------------
您下单的有:{'茄子':1,'排骨':5}
谢谢惠顾，欢迎下次光临！
```

习　题　5

1．选择题

（1）以下代码中正确的元组是________。

A．tuple1 = {3,5,7,9}　　B．tuple1 =（3,5,7,9）

C．tuple1 = [3,5,7,9]　　D．tuple1 = \3,5,7,9\

（2）以下代码的输出结果为________。

```
list1 = [[1,2,3],'Python',[[4,5,'ABC'],6],[7,8]]
print(list1[2][1])
```

A．'ABC'　　B．p
C．4　　D．6

（3）以下说法中错误的是________。

A．集合元素不能重复　　B．元组没有排序操作
C．列表元素的数据类型必须一致　　D．列表元素可以被修改

（4）以下不能创建一个字典的语句是________。

A．dict1 = {}　　B．dict1 = {(1,2):'Python'}
C．dict1 = {1:5}　　D．dict1 = {[1,2]:'Python'}

（5）以下数据类型中________属于不可变类型。

①字符串　②列表　③元组　④字典　⑤集合

A．①　　B．①③④
C．①③　　D．③④⑤

（6）令 list1 = [i for i in range(1,10,2)]，则 print(list1[::-1]) 的结果为________。

A．[9,7,5,3,1]　　B．[1,3,5,7,9]
C．[1]　　D．[9]

2. 填空题

（1）s = [2035,'abc','orange',2020,'love','pink',314.5]，则 s[2] 的值是________，s[2:5] 的值是________，s[3::2] 的值是________。

（2）以下代码的输出结果为________。

```
listA = list(range(7))
print(7 in listA)
```

（3）以下代码的输出结果为________。

```
letters = ['A','B','C','D','D']
for i in letters:
    if i == 'D':
        letters.remove(i)
print(letters)
```

3. 编程题

（1）2023 年是农历癸卯兔年，2022 年是农历壬寅虎年，这其实是由我国传统历法确定的。请查询相关资料，并编写程序，当输入一个公历年份时，输出对应的农历年。

（2）某社区医院计划对辖区居民进行轻度认知障碍（MCI）人群知晓情况调查，请设计程序完成以下功能。

①用户从键盘输入知晓程度（分为 5 级：非常了解、很了解、比较了解、不太了解、完全不了解），按字母“q”结束输入。

②统计不同知晓程度的数量。

功能拓展：调查还可以包含年龄、性别等信息，并从更多的角度进行分析统计。

（3）为了丰富学生的课外生活，英才小学决定开设一些兴趣班，包括篮球、足球、羽毛球、趣味编程、电影赏析、国画、书法、独轮车、科学小实验、航模，现在需要调查学生的参与意愿，请设计程序完成以下功能。

①学生从键盘输入想要参加的兴趣班，每位学生最多选择 3 项，按字母“q”结束输入。

②统计每门课程有意愿参加的人数。

③输出可以开课的课程名称（报名人数大于或等于 5 就可以开课）。

▲习题参考答案

上机实验 5

1. 实验目的及要求

（1）掌握列表、元组、集合和字典这 4 种 Python 组合数据类型的特点与使用场景。

（2）熟悉组合数据类型的基本操作。

（3）熟悉组合数据类型的常见函数和方法，并能根据实际情况灵活运用以解决问题。

（4）熟悉多种数据类型和控制结构的综合应用。

2. 实验案例

案例 1　补充程序：从键盘输入班级中各位同学的籍贯并以空格分隔，如“湖北　陕西　贵州　辽宁　湖北　陕西　贵州　上海”，利用下面程序统计每个省（市）出现的次数，并将结果以字典形式保存。

实验步骤

（1）初始化存放结果的字典。

（2）调用 input( ) 函数接收用户输入。

（3）利用字符串的 split( ) 方法将用户输入的内容转换为列表，去掉字符串中间的空格，为后续的统计做准备。

（4）将列表转换为集合，目的是去除重复的籍贯。

（5）遍历去重后集合的各个元素，利用列表的 count( ) 方法求出每个籍贯的出现次数，并依次写入存放结果的字典中。

程序代码如下：

```
# 初始化存放结果的字典
result = {}
# 用户输入籍贯信息
JiGuan = input('请输入籍贯，用空格分开：')
# 利用字符串方法将字符串按空格分隔成列表元素
JiGuan_list = ________
# 找出共输入了哪几个籍贯
```

```
JiGuan_unique = set(JiGuan_list)
# 依次统计各籍贯出现的次数，并写入存放结果的字典中
for i in JiGuan_unique:
    result[i] = ______
# 输出统计结果
print(result)
```

案例 2 写出程序的运行结果：从键盘输入一个英文句子，编程统计每个单词出现的次数（统计英文单词词频），结果用字典形式保存。

实验步骤

（1）初始化存放结果的字典。

（2）调用 input( ) 函数接收用户输入的英文句子。

（3）利用字符串的 lower( ) 方法将所有字母改为小写，避免重复统计大小写不同的单词。

（4）利用字符串的 split( ) 方法将字符串按空格分隔成列表元素。

（5）将列表转换为集合，去除重复出现的单词。

（6）遍历去重后集合的各个元素，利用列表的 count( ) 方法求出每个单词出现的次数，并依次写入存放结果的字典中。

需要说明的是，利用字符串的 split( ) 方法只能进行粗略分词，如果想要更精确地完成自然语言的分词，可以借助 NLTK（英文分词）和 jieba（中文分词）这两个第三方库。

程序代码如下：

```
# 初始化存放最终结果的字典
result = {}
# 接收键盘输入
str1 = input('请输入英文句子:')
# 将所有字母改为小写
str1 = str1.lower()
# 利用字符串方法将字符串按空格分隔成列表元素
str1_list = str1.split('')
# 找出都有什么单词
str1_unique = set(str1_list)
# 依次统计各单词出现的次数，并写入存放结果的字典中
for i in str1_unique:
    result[i] = str1_list.count(i)
# 输出统计结果
print(result)
```

读者可以将以下文本作为输入并运行程序。

```
China is a multi-ethnic country whose 56 ethnic groups are united despite
```

```
their diversity. The different ethnic groups work together for common
development and prosperity. This strong uniformity determines that
national unification always remains at the heart of China's core interests,
with a strong and unified country being the foundation upon which the well-
being of all Chinese people depends.
```

案例 3 改进程序：给定一个列表，如 [3,4,7,1,5,6,5,8]，编程输出列表中两个元素相加等于 10 的组合，如 [(3,7),(4,6),(5,5)]。

实验步骤

（1）创建一个空列表，用于存放最终结果。

（2）循环遍历列表中的每个元素，计算它和后面的每个元素的和，如果等于 10，则将其添加到结果列表中。

（3）打印输出最后的结果。

程序代码如下：

```
list1 = [3,4,7,1,5,6,5,8]
result = []
for i in range(len(list1)-1):
    for j in range(i+1,len(list1)):
        a = list1[i]
        b = list1[j]
        if a + b == 10:
            result.append((a,b))
print(result)
```

如果将 list1 换成 [3,4,7,1,5,6,5,8,7,6]，以上代码的运行结果则不合逻辑。请读者思考原因并改进程序，使得针对列表 [3,4,7,1,5,6,5,8,7,6] 的计算也能够得到正确结果。

案例 4 补充程序：数据压缩。从键盘输入一个字母字符串，将其排序后压缩输出。例如，对于原始字符串 bgggdaddcbg，排序后的字符串为 abbcdddgggg，压缩后的字符串为 1a2b1c3d4g。

实验步骤

（1）将最终压缩结果初始化为一个空字符串。

（2）用 input( ) 函数接收用户输入的字母字符串，并将其转换为列表，此时字母字符串变成由单个字母组成的列表。

（3）对列表排序，并将排序后的列表转换为字典，达到去重的目的。

（4）遍历构造的字典的键，统计每个键在原始列表中出现的次数，并利用字符串合并运算符完成加密字符串的构造。

（5）输出最后的加密结果。

程序代码如下：

```
# 初始化压缩结果
zipped = ''
```

```
# 接收用户输入的字母字符串
str1 = input('请输入一个字母字符串:')
# 将字符串转为列表
str1_list = ________
# 对列表排序
________
# 利用字典去除重复值，构造压缩后的字符串并输出
result = dict.fromkeys(str1_list)
for i in result.keys():
    result[i] = ________
    zipped = zipped + str(str1_list.count(i))+i
print(zipped)
```

程序运行结果如下：

```
请输入一个字母字符串: bgggdaddcbg
1a2b1c3d4g
```

第6章 函　数

程序中有时需要多次实现一个功能，在每次需要该功能时，都要重复编写实现该功能的代码，这样会使程序变得不够简练。如果将实现某个功能的代码抽象成一个函数，之后在程序中执行同一项任务时，直接调用能够完成该任务的函数即可，从而使程序的编写、阅读和维护更加容易，并且程序的条理更加清晰。所谓函数，就是组织好的、可重复使用的、能够实现特定功能的语句块。

Python 提供了 print( )、sort( )、split( ) 等诸多内置函数，这些函数无须用户自己定义即可直接使用，但是利用内置函数无法实现实际应用中的所有功能。因此，除了 Python 提供的内置函数之外，用户可以自定义函数，由用户根据实际需要自己设计程序代码，用于实现指定的功能。

6.1 函数的定义与调用

6.1.1 函数的定义

Python 中定义函数的基本语法格式如下：

```
def 函数名称 (参数列表):
    "函数文档字符串"
    函数体
    return 表达式
```

基于上述格式，以下是对函数定义规则的说明。

（1）函数定义以关键字 def 开头，后接函数名称和圆括号。其中 def 为 define 的缩写，代表自定义。

（2）函数的参数需要放在圆括号内，参数由 0 个或多个参数名称组成，用逗号分隔。

（3）若参数列表中包含多个参数，一般情况下，参数值和参数名称按照函数声明中定义的顺序一一匹配。

（4）函数内容以冒号开始，并且缩进。

（5）函数的第一行语句称为函数文档字符串，用于描述函数功能，可选择性地写入。

（6）函数体表示函数功能，指定函数完成相应的操作。

（7）return 表达式表明函数结束，并且选择性地返回函数的计算结果给调用方。如果 return 后没有表达式，则相当于返回 None。

例 6-1 定义函数。

```
def add(a,b):
    '计算两个数相加的和'
    result=a+b
    return result
```

其中，add 为函数名称，参数为 a 和 b，函数体内完成的操作是计算两个参数相加的结果，返回值为参数相加的结果。

6.1.2 函数的调用

定义了具有特定功能的函数之后，如果需要使用该功能，则要调用该函数。调用函数时，通过“函数名( )”的方式完成，即指定函数名以及圆括号内的必要信息。

例 6-2 调用函数。

```
# 定义函数
def add(a,b):
    '计算两个数相加的和'
    result=a+b
    return result
# 调用函数 add()
x=2
y=6
print(add(x,y))
```

程序中变量 x 和 y 中存储的值分别为整数 2 和 6，并将 x 和 y 两个变量的内容通过参数 a 和 b 传入 add( ) 函数内，进行加法计算，返回计算结果，并且打印输出。

程序运行结果如下：

```
8
```

6.1.3 函数的嵌套调用

Python 允许在一个函数中调用另外一个函数，即函数的嵌套调用。

例 6-3 函数的嵌套调用。

```
# 定义函数 fun_B()
def fun_B():
```

```
    print('------fun_B start------')
    print('这是 fun_B 函数执行代码')
    print('------fun_B end------')
# 定义函数 fun_A()
def fun_A():
    print('------fun_A start------')
    print('这是 fun_A 函数执行代码')
    fun_B() # 在函数 fun_A 中调用函数 fun_B
    print('------fun_A end------')
# 调用函数 fun_A()
fun_A()
```

程序运行结果如下：

```
------fun_A start------
这是 fun_A 函数执行代码
------fun_B start------
这是 fun_B 函数执行代码
------fun_B end------
------fun_A end------
```

由程序可见，在函数 fun_A( ) 中，调用了另外一个函数 fun_B( )。程序的执行过程如下：首先，调用函数 fun_A( )，开始执行函数内的操作；其次，执行到调用函数 fun_B( ) 时，会先进入 fun_B( ) 函数内，执行其中的所有任务；最后，返回函数 fun_A( ) 中调用函数 fun_B( ) 的位置，继续执行函数 fun_A( ) 后续的剩余代码。

整个函数嵌套调用的执行过程如图 6-1 所示。

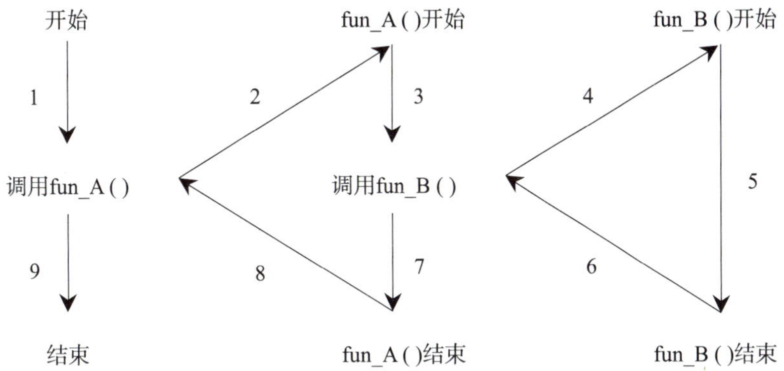

图 6-1 函数嵌套调用的执行过程

6.1.4 函数的递归调用

函数除了可以调用其他函数之外，也可直接或者间接调用函数自身，即函数的递归调用。函数递归调用的两种方式如图 6-2 所示。

▲递归思想：国与家

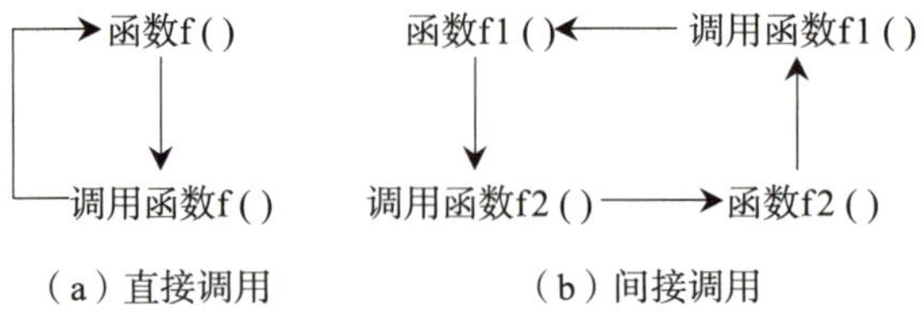

图 6-2　函数递归调用的两种形式

以计算阶乘 $n!$ 为例，计算方法包括以下两种。

方法 1：$n! = 1\times2\times3\times\ldots\times n$。在对该公式编程时，从基数 1 开始计算，迭代累乘至 n，从而得到最终结果。

方法 2：$n! = \begin{cases} 1, & n=0 \\ n\times(n-1)!, & 其他 \end{cases}$。在对该公式编程时，需要将问题转化为规模小一些的同等问题，就可以利用相同的算法求解小规模的同等问题。

例 6-4　阶乘计算方法 2。

```
def fact(n):
    if n==0:
        result=1
    else:
        result=n*fact(n-1)      # 在函数 fact() 中调用函数自身
    return result
num=int(input('请输入一个正整数:'))
print('阶乘结果为:',fact(num))
```

程序运行结果如下：

```
请输入一个正整数: 5
阶乘结果为: 120
```

由程序可见，在函数 fact( ) 中调用了函数自身，函数 fact( ) 递归调用的执行过程如图 6-3 所示。

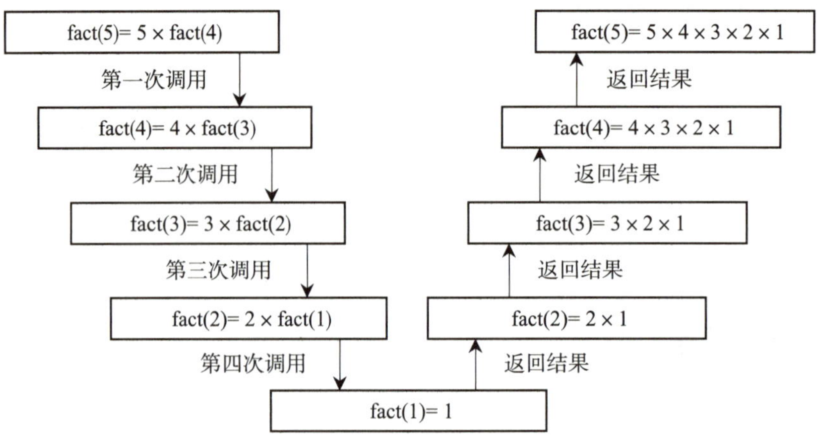

图 6-3　函数 fact( ) 递归调用的执行过程

6.2 函数参数传递

6.2.1 函数参数的定义

1. 形参

形参，即形式参数，是指函数定义时在函数名后边的圆括号中定义的参数，用于提示调用函数时需要传递的数据类型和数据范围。形参在定义时不占用存储空间，在函数被调用时才会被分配存储单元，调用结束后则立刻释放。

2. 实参

实参，即实际参数，是指函数调用时在圆括号内传入的参数，用于将参数的具体值在函数调用时自动传递给函数的形参。实参的值可以是常量、变量、表达式或函数等。

例 6-5 形参和实参示例。

```
# 定义函数
def information(string):
    '打印输出传入的字符串'
    print(string)
    return
# 调用函数
information('Hello Python')
```

在函数定义中，函数名 information 后边圆括号内的变量 string 为形参；在函数调用中，函数名 information 后边圆括号内的字符串“ Hello Python”为实参。当发生函数调用时，形参 string 并没有被赋值，需要将实参“ Hello Python”传递给形参 string，即赋值给变量 string，之后函数体内的操作语句才可以正常执行。

6.2.2 参数传递方式

由于函数定义时可能包含多个形参，函数调用时可能包含多个实参，因此，在函数调用时有多种传递参数的方式，主要包括如下 4 种。

▲传输过程中的数据安全与隐私保护

1. 位置参数

位置参数，又称为必备参数，指在函数调用时，按照位置传递参数的形式。调用函数时，实参和形参的数量应匹配，且按照函数定义的参数顺序一一对应。

例 6-6 位置参数示例。

```
def student_info(name,age,ID):
    print('name:',name)
```

```
    print('age:',age)
    print('ID:',ID)
    return
#根据位置参数调用函数
student_info('Alan',18,1002)
```

函数定义时，函数名称后的圆括号中包含 3 个形参，因此需要传递进来 3 个实参，并且根据形参所在的位置，按照顺序一一对应，即实参 'Alan' 与形参 name 对应，实参 18 与形参 age 对应，实参 1002 与形参 ID 对应。程序运行结果如下：

```
name: Alan
age: 18
ID: 1002
```

根据位置传递参数时，如果实参顺序有误，则结果会和预期效果不符。

例 6-7 实参顺序有误示例。

```
def student_info(name,age,ID):
    print('name:',name)
    print('age:',age)
    print('ID:',ID)
    return
#根据位置参数调用函数
student_info(1002,'Alan',18)
```

在该函数调用中，按顺序将实参 1002 传递给形参 name，将实参 'Alan' 传递给形参 age，导致最终的程序运行结果不符合逻辑。

```
name: 1002
age: Alan
ID: 18
```

如果函数调用时传递的实参数量少于形参数量时，如函数调用语句为 student_info('Alan', 18)，缺少传递给第三个形参的数据，则程序会出现语法错误，报错信息如下：

```
TypeError: student_info() missing 1 required positional argument: 'ID'
```

可见，错误信息中提到 student_info( ) 函数缺少一个必需的位置参数"ID"，表明需要给参数 ID 传递数据。

反之，若函数调用时传递的实参数量大于形参数量，如函数调用语句为 student_info('Alan', 18, 1002, 'male')，除了定义的三个参数外，多出了一个实参"male"，那么程序也会出现语法错误，报错信息如下：

```
TypeError:student_info() takes 3 positional arguments but 4 were given
```

可见，错误信息中提到 student_info( ) 函数接收 3 个位置参数，但此处给出了 4 个，表明实参的数量超出了位置参数能够接收的数量。

2. 关键字参数

位置参数需要正确地按照参数顺序传递数据，而关键字参数允许函数调用时传递的数据与参数顺序不一致。在实参中将参数名和值相关联，即以 key=value 的形式进行参数传递，可以避免向函数传递实参时因顺序错误而导致程序运行结果不正确。

例 6-8 关键字参数示例。

```
def student_info(name,age,ID):
    print('name:',name)
    print('age:',age)
    print('ID:',ID)
    return
# 根据关键字参数调用函数
student_info(age=18,ID=1002,name='Alan')
```

在该程序中，函数定义部分没有发生改变，但调用该函数时，明确指定了各实参对应的形参，即将实参 18 传递给形参 age，将实参 1002 传递给形参 ID，将实参 'Alan' 传递给形参 name，因此无须考虑函数调用时实参的顺序，同时确保向函数传递实参时不会发生混淆。

程序运行结果如下：

```
name: Alan
age: 18
ID: 1002
```

可见，程序运行结果与利用位置参数传递方式时相同，意味着可使用变量名传递参数，而无须考虑顺序，同时提高了函数调用时的可读性，有助于用户理解实参的意义。

此外，也可按照顺序书写部分位置参数，剩余的参数可通过关键字参数传递方式进行，但关键字参数需放置在位置参数之后。例如，将函数调用语句修改为 student_info ('Alan', ID=1002, age=18)，仍然得到相同的运行结果。

3. 默认参数

默认参数是指在定义函数时，已经给部分形参设置了默认值。在调用函数时，对于已经具有默认值的形参，是否传入实参不是必要的，当没有给默认形参提供实参时，直接使用形参的默认值，否则将使用提供的实参值。其他没有指定默认值的形参，必须传入相对应的实参。

例 6-9 默认参数示例。

```
def student_info(name,ID,age=18):
    print('name:',name)
    print('age:',age)
    print('ID:',ID)
```

```
    return
print('------没有给默认形参提供实参------')
student_info(name='Alan',ID=1002)
print('------给默认形参提供实参------')
student_info(name='Alan',age=20,ID=1002)
```

函数定义中，形参 name 和 ID 没有设置默认值，形参 age 设置了默认值 18。第一次调用函数 student_info( ) 时，只给形参 name 和 ID 分别提供了实参值 'Alan' 和 1002，因此程序会使用形参 age 的默认值；第二次调用函数 student_info( ) 时，给 3 个形参 name、age 和 ID 均提供了相应的实参值，此时程序会使用传给形参 age 的实参值 20，而不采用默认值。程序运行结果如下：

```
-------没有给默认形参提供实参-------
name: Alan
age: 18
ID: 1002
------给默认形参提供实参------
name: Alan
age: 20
ID: 1002
```

可见，给形参设置默认值后，如果无须改变该形参的值，可以在函数调用时省略相应的实参。如果传入了相应的实参，则形参的默认值不会生效。通过使用默认参数，可简化函数的调用过程。

需要注意，在定义函数中的默认参数时，在形参列表中，默认参数必须放置在位置参数（没有设置默认值的形参）之后，否则会出现语法错误。例如，将函数定义语句修改为 def student_info (name, age=18, ID)，程序运行后会显示如下报错信息：

```
SyntaxError:non-default argument follows default argument
```

可见，错误信息提示非默认参数处于默认参数之后，需要进行修改。

4. 不定长参数

位置参数、关键字参数和默认参数 3 种形式，均是在已知形参数量的情况下构建完成的。如果需要函数能够处理不确定数量的参数，可采用不定长参数。其基本语法格式如下：

```
def 函数名([formal_args,]*args,**kwargs):
    "函数文档字符串"
    函数体
    return 表达式
```

该函数定义的参数列表由 3 部分组成，其中 formal_args 为传统定义的形参，*args 和 **kwargs 为不定长参数。基于上述格式，以下是对使用不定长参数的规则说明。

（1）*args 用于接收不定长度的位置实参，并将其放入一个元组中；**kwargs 用于接收不定长度的关键字实参，并将其放入一个字典中。

（2）*args 需放置在其他位置参数之后，**kwargs 需放置在 *args 之后，否则程序会报错。

（3）函数定义中 *args 或 **kwargs 参数的数量均不能超过 1，否则程序会报错。

例 6-10 不定长参数示例。

```
def student_info(name,age,ID,*args,**kwargs):
    print(name)
    print(age)
    print(ID)
    print(args)
    print(kwargs)
    return
# 不定长参数调用函数
student_info('Alan',18,1002)
```

该函数定义了两个不定长参数 args 和 kwargs。在调用函数 student_info( ) 时，如果只传入 'Alan'、18 和 1002 三个实参，则会从左向右按顺序依次匹配形参 name、age 和 ID，而不定长参数 args 和 kwargs 均没有接收到超出传统定义的形参数量的数据，因此会创建一个名为 args 的空元组和一个名为 kwargs 的空字典。程序运行结果如下：

```
Alan
18
1002
()
{}
```

例 6-11 参数传递值且数量超出传统定义的形参数量。

```
def student_info(name,age,ID,*args,**kwargs):
    print(name)
    print(age)
    print(ID)
    print(args)
    print(kwargs)
    return
# 不定长参数调用函数
student_info('Alan',18,1002,'male','computer science')
```

调用函数 student_info( ) 时，传入了 5 个实参，前 3 个实参会按照位置参数的传递形式，与前 3 个形参按顺序一一匹配。多余的 2 个实参由于只传递了实参的值，因此这些值会存入元组 args 中，程序运行结果如下：

```
Alan
18
1002
('male','computer science')
{}
```

如果传递的实参数量超出传统定义的形参数量，且传递的不仅有值还有名称，则实参会作为键值对存入字典 kwargs 中。将上述示例修改为例 6-12。

例 6-12 参数传递值和键值对且数量超出传统定义的形参数量。

```
def student_info(name,age,ID,*args,**kwargs):
    print(name)
    print(age)
    print(ID)
    print(args)
    print(kwargs)
    return
# 不定长参数调用函数
student_info('Alan',18,1002,'male','computer science',grade=2,
phone=1234)
```

同上述示例，普通形参按顺序与相等数量的实参匹配，多余的 4 个实参，如果只传递值，则存入元组 args 中，如果传递的是键值对，则存入字典 kwargs 中。程序运行结果如下：

```
Alan
18
1002
('male','computer science')
{'grade':2,'phone':1234}
```

6.2.3 返回值

并非所有函数均在函数内部直接显示输出结果，相反，函数可以在完成相应功能后，返回一个或多个值，这是给调用者的结果，这个结果称为函数的返回值。Python 中使用 return 语句返回函数的返回值。

例 6-13 返回值示例。

```
# 返回单个值
def add(n,m):
    return n+m
```

```
print(add(2,8))
#返回多个值
def math(n,m):
    result1=n+m
    result2=n-m
    result3=n*m
    result4=n/m
    return result1,result2,result3,result4
print(math(2,8))
```

第一个函数 add( ) 中，关键字 return 之后有一个相加的表达式，表达式的值为函数的返回值，即 n 和 m 相加的结果；第二个函数 math( ) 中 return 之后有 4 个变量，分别存储 n 和 m 进行加、减、乘、除运算的结果。在返回多个值时，将返回一个元组。程序运行结果如下：

```
10
(10,-6,16,0.25)
```

6.3 变量的作用域

变量的作用域是指变量的生效范围，由变量的定义位置决定。在不同的作用域中，变量的可见性和访问规则都有差别。在使用函数时，函数内、外均定义了变量，但这些变量的作用范围并不相同。

6.3.1 局部变量

局部变量是指定义在函数内部的变量，其作用范围仅在函数内部，并且暂时存在于该函数调用开始后。当结束函数调用时，局部变量会被释放，不再占用内存。

例 6-14 局部变量示例。

```
def student_info(name,age,ID):
    print('name:',name)              # name、age、ID 均为局部变量
    print('age:',age)
    print('ID:',ID)
    return
student_info('Alan',18,1002)
print(name)                          # 在函数外访问局部变量
```

程序运行后会出现如下报错信息：

```
NameError:name 'name' is not defined
```

可见，变量 name 是一个局部变量，仅可在其被声明的函数内部使用；在函数外部访问该变量时，会出现变量不存在的问题，从而导致程序异常。

6.3.2 全局变量

全局变量是指定义在函数外部的变量，其作用范围包含函数内部和函数外部。全局变量从程序开始运行起占据内存，并且在运行过程中可以随时被访问。除非在程序中删除该变量，否则全局变量仅在程序运行结束后才会释放内存。

例 6-15 全局变量示例。

```
name='Alan'
def student_info():
    print('此处为作用在函数内部的全局变量，其值为',name)
    return
student_info()
print('此处为作用在函数外部的全局变量，其值为',name)
```

运行结果如下：

```
此处为作用在函数内部的全局变量，其值为 Alan
此处为作用在函数外部的全局变量，其值为 Alan
```

可见，在函数外部定义的变量的作用域为整个程序范围，即使在函数内部也可以直接使用全局变量。

6.4 匿名函数

匿名函数，即没有名称的函数，是一种简化定义和使用的特殊函数。定义匿名函数时，不再使用关键字 def，而是用关键字 lambda 表示，其基本的语法格式如下：

```
lambda arg1,arg2,...,argn:expression
```

其中，arg1、arg2 等表示传入的函数参数，可以有多个，参数之间用逗号分隔，expression 代表函数的表达式。

如果将例 6-13 中返回单个值的 add( ) 函数用 lambda 定义，其写法如下：

```
lambda n,m:n+m
```

对比函数定义的两个示例可见，原 def 函数的参数放置在 lambda 关键字后，多个参数之间用逗号分隔，冒号右边为原 def 函数的返回值表达式。

由于 lambda 函数返回的是一个对象，因此需要进行赋值操作，才可以得到相应的执行结果。

例 6-16 lambda 函数示例。

```
result=lambda n,m:n+m
print(result(2,8))
```

程序中将 lambda 函数返回的对象赋值给变量 result，输出结果为 10。

def 函数和 lambda 函数的区别在于：

（1）创建 def 函数需要指定函数名称，而 lambda 函数没有函数名称。

（2）lambda 函数体只能有一个表达式，而 def 函数可以包含多条语句或复杂的控制结构。

（3）lambda 函数返回一个对象，而不会将结果直接赋值给一个变量，而 def 函数可以通过 return 表达式将结果直接赋值给一个变量。

（4）lambda 函数适用于编写小型的临时函数，以简化程序，要编写复杂逻辑应使用 def 函数。

6.5 应用例题解析

例 6-17 编写一个函数，统计正在热映的电影榜单中电影类型的数量。该函数接收一个包含不同类型电影的列表，返回榜单中电影类型的数量。

解析：将电影类型列表传入函数，在函数体内使用 set( ) 方法，自动去除重复的电影类型，从而创建一个只包含不同电影类型的集合，并通过 len( ) 函数获取该集合的长度，即电影类型的数量，并将结果返回。

参考程序如下：

```
def count_movie_types(movie_list):
    movie_types = set(movie_list)
    return len(movie_types)

movies = ['动作','科幻','喜剧','科幻','传记','动作','动画','动作']
print('热映榜单中共包含 %d 种类型的电影 '%count_movie_types(movies))
```

程序运行结果如下：

```
热映榜单中共包含 5 种类型的电影
```

例 6-18 某餐厅提供了两种酬宾活动，分别为满 100 元减 20 元和整单打九折，供顾客选择。编写一个函数，计算顾客在餐厅酬宾活动期间消费的金额。该函数接收菜品的名称和价格，以及顾客选择的酬宾活动类型，返回最终需要支付的金额。

解析：将菜品名称和对应的价格以键值对形式存储在字典中，并传入函数内，同时传递顾客选择的酬宾活动类型。在函数体内首先计算字典中所有值的相加结果，之后利用分支结构判断顾客选择的酬宾活动类型，计算最终需要支付的金额，并将结果返回。

参考程序如下：

```
def cal_final_payment(menus, activity_type):
    total_price = sum(menus.values())
    if activity_type == 1:
        if total_price >= 100:
            final_payment = total_price - 20
        else:
            final_payment = total_price
    elif activity_type == 2:
        final_payment = total_price * 0.9
    else:
        final_payment = total_price
    return final_payment

menus = {'水煮牛肉': 88.0,'肉末茄子': 36.0,'清炒芥兰': 28.0}
activity_type = int(input('请选择活动类型: 1(满减)/2(九折):'))
print('支付金额为',cal_final_payment(menus,activity_type))
```

程序运行结果如下：

```
请选择活动类型： 1(满减)/2(九折)： 2
支付金额为 136.8
```

例 6-19 跳水比赛共有 7 个裁判员打分，打分规则为：去掉 2 个最高分，去掉 2 个最低分，剩余 3 个分数之和乘以运动员所跳动作的难度系数即为最终得分。编写函数，计算某运动员所跳动作的最终得分。该函数接收 7 个裁判员的分数以及运动员的动作难度系数，返回运动员的最终得分。

解析： 将 7 个裁判员的分数以列表形式传入函数中。根据打分规则，将分数列表从高到低进行排序。排序后的列表中，前 2 个元素和后 2 个元素就是 2 个最高分和 2 个最低分，中间的 3 个元素则代表剩余的有效分。有效分相加后得到总分，并与传入的动作难度系数相乘，得到运动员的最终得分。

参考程序如下：

```
def cal_final_score(scores,difficulty):
    scores.sort(reverse=True)
    total_score = sum(scores[2:5])
    final_score = total_score * difficulty
    return final_score

scores = [8.5,9.0,7.5,9.5,8.0,9.5,8.5]
difficulty = 3.2
print('最终得分为:',cal_final_score(scores,difficulty))
```

程序运行结果如下：

```
最终得分为：83.2
```

例 6-20 编写函数，根据欢迎新生活动上需要的食物、饮料和装饰品的数量与单价，计算该活动需要支出的总费用。要求函数可接收不定数量的物品，包括物品名、数量及单价，返回所有物品的总价格。

解析： 将物品的名称、数量及单价存放在字典中。由于物品数量不定，因此函数定义时采用不定长参数。在函数体内，采用循环遍历所有的物品信息，对于每个物品，通过访问字典中对应的键获取相应的值（例如，item['数量'] 表示从物品字典中获取键为 '数量' 的值），从而获取物品的数量和单价。之后根据物品的数量和单价计算每种物品的总费用，将结果累加到变量 total_cost（活动总费用）中，并返回该计算结果。

参考程序如下：

```
def cal_total_cost(*items):
    total_cost = 0
    for item in items:
        item_quantity=item['数量']
        item_price=item['单价']
        item_total_cost = item_quantity * item_price
        total_cost += item_total_cost
    return total_cost

items = [{'物品名':'Pizza','数量':50,'单价':6},
         {'物品名':'Soda','数量':100,'单价':5},
         {'物品名':'Balloon','数量':100,'单价':0.5},
         {'物品名':'Cake','数量':50,'单价':8}]
print('活动需要的总费用为',cal_total_cost(*items))
```

程序运行结果如下：

```
活动需要的总费用为 1250.0
```

习 题 6

1. 单选题

（1）以下关于 Python 函数的说法中错误的是________。

A. 函数的参数列表可以为空

B. 由用户自己设计，用于实现指定功能的函数称为自定义函数

C. 函数可以看作是一种功能的抽象

D．在函数定义中，参数列表均为实参

（2）以下 Python 语句的运行结果是________。

```
f=lambda a,b:a**b
print(f(6,2))
```

A．6　　B．12　　C．36　　D．64

（3）以下关于 Python 函数参数的说法中错误的是________。

A．函数的参数有多种类型

B．自定义函数可以包含多个参数

C．函数的传递值类型可以与参数类型不同

D．函数中是由实参向形参传递数据

（4）以下关于程序的描述中正确的是________。

```
def func(a,b):
    c=a*2+b
    a=b
    return c
a=5
b=10
c=func(a,b)+a
```

A．运行函数 func( ) 后，变量 a 的值为 5

B．运行函数 func( ) 后，变量 c 的值为 30

C．运行函数 func( ) 后，变量 a 的值为 10

D．运行函数 func( ) 后，变量 c 的值为 20

2．填空题

（1）递归是指函数在函数体内________地调用自己。

（2）函数定义中，不定长参数可以通过增加“*”或“**”进行定义，这些参数将分别以________和________形式被传递到函数中。

（3）lambda 称为________函数，适用于编写小型函数以简化程序。

（4）函数使用________关键字开头，后接________和圆括号，圆括号内为________。

3．判断题

（1）函数定义中可以不写返回值语句。（　　）

（2）默认参数可以定义在位置参数之前。（　　）

（3）不定长参数 *args 和 **kwargs 均可以有多个。（　　）

4．编程题

（1）回文数是指一个正向和逆向均相同的整数，如 123454321、9889 等。编写函数，判断用户输入的整数是不是回文数，并输出结果。

（2）编写函数，由用户输入年、月、日，判断输入的某年某月某日这一日期是这一年中的第几天，并输出结果。

（3）编写函数，输入一行字符，将此字符串中最长的单词输出。

（4）设计一个学生成绩管理系统，该系统能够进行学生成绩的录入、查询、统计和分析，同时具备模块化的程序设计结构。使用函数实现主要功能，并合理划分模块，使得代码的可读性强，易于维护和扩展。

系统设计要求如下：

①可以录入学生的基本信息，包括学号、姓名、性别和年龄。

②可以录入学生的各门课程成绩，包括高等数学、大学英语和大学计算机。

③要求能够查询学生的基本信息和各门课程成绩。

④能够根据学号统计某个学生的各门课程成绩的总分和平均分。

⑤能够根据课程名称统计某门课程的平均分和最高分。

▲习题参考答案

上机实验 6

1. 实验目的

（1）掌握函数的定义与调用。

（2）掌握参数的传递方法和过程。

（3）理解递归函数的思想和方法。

（4）掌握模块化程序设计中函数的应用。

2. 实验内容

案例 1 写出程序的运行结果：编写函数，计算一个班级中男同学和女同学的比例。给函数传入一个包含同学性别的列表，返回男同学和女同学分别占全班人数的比例，结果保留 2 位小数。

实验步骤

（1）定义函数，包含一个参数，用于接收传入的包含同学性别的列表。

（2）统计班级的总人数之后，分别统计男同学和女同学的人数。

（3）计算男同学和女同学分别占全班人数的比例。

（4）将两个比例值利用 return 关键字返回，并利用格式化输出在主程序中输出结果。

程序代码如下：

```
def ratio(classroom):
    total_count = len(classroom)
    male_count = classroom.count('男')
    female_count = classroom.count('女')
    male_ratio = male_count / total_count
    female_ratio = female_count / total_count
    return male_ratio, female_ratio

classroom = ['男','女','女','男','女','女','男','男','女']
```

```
male_ratio,female_ratio = ratio(classroom)
print('男同学比例 :%.2f%%'%(male_ratio*100))
print('女同学比例 :%.2f%%'%(female_ratio*100))
```

案例 2 补充程序：编写函数，计算打印机完成整个队列打印的平均时间。函数接收不定量的打印任务，包括任务名称的打印时间，返回整个队列的平均等待时间。

实验步骤

（1）定义函数，使用不定长参数接收不定数量的打印任务。

（2）函数体内遍历打印任务列表，累加任务的等待时间。

（3）根据任务的数量计算出整个队列的平均等待时间并返回。

程序代码如下：

```
def cal_avg_time(*jobs):
    total_wait_time = 0
    for job in jobs:
        print("打印机正在处理任务 ",job[0],"...")
        print("任务 %s 完成 , 等待时间 %d 秒 "%(job[0],_______))
        total_wait_time += job[1]
    avg_wait_time = total_wait_time / _______
    return _______

average_time = cal_avg_time(("文档1",5),("图片1",3),("文档2",2),("文档3",
7))
print("整个队列的平均等待时间为: %f 秒 "%average_time)
```

案例 3 写出程序的运行结果：上台阶时，每步可上 1 级或 2 级台阶。编写递归函数，计算从地面上到特定数量的台阶时，不同走法的方案数量。

实验步骤

（1）当台阶数为 1 时，只有 1 种走法；当台阶数为 2 时，有 2 种走法（一次一步和一次两步），据此作为递归的终止条件和递归形式。

（2）定义函数，传入台阶的数量，通过调用函数自身计算 2 级台阶的走法数量之和。

（3）要求用户输入台阶的数量，之后调用函数计算爬到输入的台阶数时，不同走法的数量并输出结果。

程序代码如下：

```
def count_steps(n):
    if n == 1:
        return 1
    elif n == 2:
        return 2
    else:
        return count_steps(n-1) + count_steps(n-2)
```

```
num_of_steps = int(input("请输入台阶的数量:"))
total_ways = count_steps(num_of_steps)
print("爬到第",num_of_steps,"个台阶的不同走法有:",total_ways,"种")
```

案例 4　改进程序：超市管理系统负责编辑超市商品的信息，并适时更新商品资料。使用函数进行模块化设计，编写一个超市管理系统，超市商品信息包含商品的名称、价格和数量，该系统具备添加、删除、修改商品信息等功能。在现有程序已完成的系统功能的基础上，加入显示所有商品信息的功能，要求显示格式如下。

```
所有商品信息如下:
商品名称: 樱桃
商品价格: 29.99
商品数量: 80
商品名称: 茄子
商品价格: 3.69
商品数量: 150
```

实验步骤

（1）设计超市管理系统界面，利用 print( ) 函数提示管理员选择功能操作，功能包括超市商品信息的添加、删除、修改和显示，以及退出系统。

（2）利用分支结构获取管理员选择的功能。

（3）为每个功能设计一个单独的函数，根据管理员的选择分别调用不同的函数，执行相应的功能。

（4）主函数通过无限循环提供管理员选择菜单，当管理员选择退出时，跳出循环，程序结束。如果管理员输入了无效选项，则输出对应的提示信息。

▲模块化程序设计：团队合作

程序代码如下：

```
# 保存所有商品信息
items = []
# 定义添加商品信息的函数
def add_item():
    name = input("请输入商品名称:")
    price = input("请输入商品价格:")
    quantity = input("请输入商品数量:")
    item = {'名称':name,'价格':price,'数量':quantity}
    items.append(item)
    print("商品添加成功!")
# 定义删除商品信息的函数
def remove_item():
    name = input("请输入要删除的商品名称:")
    for item in items:
```

```
            if item['名称'] == name:
                items.remove(item)
                print("商品删除成功!")
                return
        print("找不到该商品!")
# 定义查找商品信息的函数
def search_item():
    name = input("请输入要查找的商品名称:")
    for item in items:
        if item['名称'] == name:
            print("商品名称:",item['名称'])
            print("商品价格:",item['价格'])
            print("商品数量:",item['数量'])
            return
    print("找不到该商品信息!")
# 定义更新商品信息的函数
def update_item():
    name = input("请输入要修改的商品名称:")
    for item in items:
        if item['名称'] == name:
            price = input("请输入新的商品价格:")
            quantity = input("请输入新的商品数量:")
            item['价格'] = price
            item['数量'] = quantity
            print("商品信息修改成功!")
            return
    print("找不到该商品!")
# 定义超市管理系统界面的主函数
def main():
    while True:
        print("--------------------")
        print("1. 添加商品")
        print("2. 删除商品")
        print("3. 查找商品信息")
        print("4. 修改商品信息")
        print("0. 退出 ")
        print("--------------------")
        choice = input("请选择操作:")
        # 根据用户输入选择执行相应功能
```

```
        if choice == "1":
            add_item()
        elif choice == "2":
            remove_item()
        elif choice == "3":
            search_item()
        elif choice == "4":
            update_item()

        elif choice == "0":
            print("已退出系统")
            break
        else:
            print("输入无效，请重新选择！")

if __name__ == "__main__":
    main()
```

第 7 章 文　件

文件是长期保存数据的载体，也是计算机的重要资源，程序设计语言一般都具备文件读写的功能，Python 也不例外。本章主要介绍如何利用 Python 读写常见的数据文件，以及 Python 基本的文件夹管理功能。

7.1 文件的概念

文件是存储在存储器上的数据序列，可以包含任意数据内容。文件可以长期保存，可以重复使用和反复修改，是信息交换的重要途径。

文件一般可分为两种类型。

1. 文本文件

文本文件一般由使用特定编码（如 UTF-8、GBK 等）的字符组成，读取时需要使用与编码相对应的方式解码。常见的 .txt、.ini、.csv 等格式的文件都属于文本文件。大部分的文本文件都可以通过文本编辑器和文字处理软件创建、读取和编辑。

2. 二进制文件

二进制文件全部由二进制的 0 和 1 组成，没有统一的字符编码格式。常见的图像文件、音频文件、视频文件等都属于二进制文件。因为二进制文件没有统一的字符编码格式，所以它必须使用相应软件才能被读取和编辑。

文本文件和二进制文件的主要区别就在于是否有统一的字符编码格式。

7.2 文件的基本操作

Python 既可以访问文本文件，也可以访问二进制文件，而且操作方式相同。Python 操作文件的基本步骤是打开（或创建）文件→读写文件→保存并关闭文件。下面介绍这三个步骤中涉及的各种方法。

7.2.1 打开和关闭文件

1. 打开（或创建）文件

在处理文件前，必须先将文件读入内存，即要先将文件打开。Python 中可以使用

open( ) 函数创建或打开文件，其一般形式如下：

```
open(filename,mode,encoding)
```

其中，filename 参数指定待打开（或创建）的文件名，如果要加上文件路径，那么既可以是绝对路径，也可以是相对路径；mode 参数指定打开模式，共有 7 种可以选择，详见表 7-1；encoding 参数只适用于文本文件，用于指定编码方式，常用值有 'utf-8'、'gbk' 等。

表 7-1 文件打开模式

mode 参数的取值	含 义
'r'	读模式，为默认值。如果文件不存在，则会报告 FileNotFoundError
'w'	写模式。如果文件已存在，则会将原有内容清除
'x'	创建新文件模式。如果文件已存在，则会报告 FileExistsError
'a'	追加写模式，不覆盖原有内容。如果文件不存在，则创建文件
'b'	二进制模式
't'	文本模式，为默认值
'+'	与其他文件打开模式结合使用，可在原有模式上增加读（或写）模式

mode 参数的取值可以组合使用，表达更丰富的含义。例如，'rb' 表示以只读、二进制模式打开文件，'r+' 表示以读模式打开文件的同时可以进行写操作，等等。

例 7-1 打开文件。

```
# 用默认方式打开文件，即只读、文本模式
poem = open('水调歌头.txt')
print('文件已打开。')
poem.close()
print('——————————')
print('文件已关闭。')
# 创建一个新文件
new_file = open('newfile.txt',mode='x')
new_file.close()
```

程序运行结果如下：

```
文件已打开。
——————————
文件已关闭。
```

例 7-1 中首先用默认方式打开文件，也就是 mode 参数的取值为 'rt'，并生成一个文件对象（此处为 poem），后续就可以利用 Python 的读写方法对 poem 对象进行其他操作了。接着采用 'x' 模式创建一个新文件，代码执行后，就可以在默认目录中找到创建的这个新文件。

2. 关闭文件

在完成文件操作后，执行关闭文件这一步非常重要。没有关闭的文件处于独占状态，其他程序无法使用它，且资源没有被释放。

关闭文件非常简单，使用文件对象的 close( ) 方法即可，如例 7-1 所示。

7.2.2 读取文件数据

打开文件后，可以通过 3 种方法来读取数据。

1. read( ) 方法

read( ) 方法的作用是从当前文件指针的位置读取一定量的字符，其语法格式如下：

```
文件对象.read(size)
```

其中，size 代表读取的字符数，如果省略该参数，则代表文件中的全部内容。

例 7-2 文件对象的 read( ) 方法。

```
poem = open('水调歌头.txt',encoding='utf-8')
# 读取 10 个字符
text1 = poem.read(10)
print('第 1 次读取:',text1)
# 从上一次的位置接着读取 8 个字符
text2 = poem.read(8)
print('第 2 次读取:',text2)
# 接着读取全部内容
text3 = poem.read()
print('第 3 次读取:',text3)
poem.close()
```

程序运行结果如下：

```
第 1 次读取：人有悲欢离合，月有阴
第 2 次读取：晴圆缺，此事古难
第 3 次读取：全。
但愿人长久，千里共婵娟。
```

从例 7-2 可以发现，第 2、3 次读取文件并不是从头开始的，而是从文件指针的当前位置开始的。文件指针就好比文本编辑器中闪烁的光标。有关指针位置的相关操作，请参见 7.2.4 小节的内容。

2. readline( ) 方法

与 read( ) 方法以字符为单位读取文件不同，readline( ) 方法的作用是读取文件中的一行并返回结果；如果文件指针已经处于文件末尾，则返回空字符串。例 7-3 利用 readline( ) 方法并结合循环语句逐行读取 topname2010.txt 文件，该文件记录的是美国 2010 年新生儿最受欢迎的 5 个名字。

例 7-3　文件对象的 readline( ) 方法。

```
names = open('topname2010.txt')
while True:
    line_text = names.readline()
    if line_text == '':
        break
    print(line_text,end='')
names.close()
```

程序运行结果如下：

```
Isabella,F,22731
Sophia,F,20477
Emma,F,17179
Olivia,F,16860
Ava,F,15300
```

3. readlines( ) 方法

利用 readline( ) 方法每次只能读取一行，要想读取多行，必须借助循环语句才行。Python 还提供了 readlines( ) 方法，利用该方法可以更简便地读取文件中的所有行，并将结果以列表形式返回，列表的每个元素就是文件中的一行。

例 7-4　文件对象的 readlines( ) 方法。

```
names = open('topname2010.txt')
lines = names.readlines()
names.close()
print(lines)
```

程序运行结果如下：

```
['Isabella,F,22731\n','Sophia,F,20477\n','Emma,F,17179\n','Olivia,F,
16860\n','Ava,F,15300\n']
```

7.2.3　将数据写入文件

除了读取文件数据的方法外，Python 也提供了两种将数据写入文件的方法。选择可写入的模式打开文件后，就可以利用这两种方法写入数据了。

1. write( ) 方法

利用 write( ) 方法可以在当前插入点位置写入数据，并返回写入的字符数，其参数应为一个字符串。下面创建一个新文件“班级人数 .txt”，并在其中写入一组数据。

例 7-5 文件对象的 write( ) 方法。

```
renshu = open('班级人数.txt',mode='a')
renshu.write('class01,56')
renshu.close()
```

在默认目录下找到新建的“班级人数 .txt”文件并打开，可以发现 'class01,56' 字符串已被写入，如图 7-1 所示。

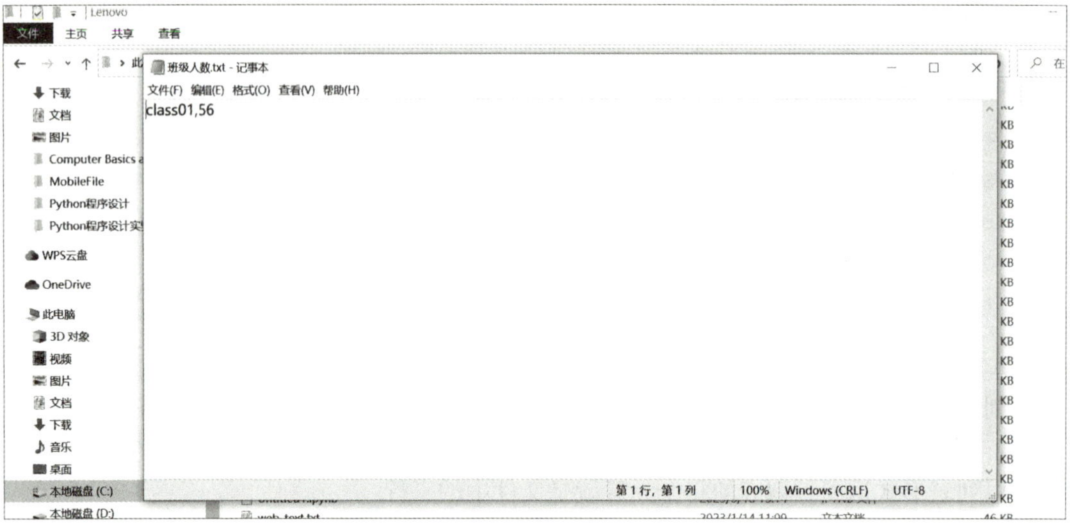

图 7-1 写入“班级人数 .txt”文件的数据

反复调用 write( ) 方法，可以将更多内容写入文件。

例 7-6 利用文件对象的 write( ) 方法写入多个内容。

```
books = open('四大名著 7-6.txt',mode='a')
books.write('三国演义，罗贯中')
books.write('水浒传，施耐庵')
books.write('红楼梦，曹雪芹')
books.write('西游记，吴承恩')
books.close()
```

程序运行后，打开默认目录中的“四大名著 7-6.txt”文件会发现，添加的 4 条数据连在一起，没有分行，如图 7-2 所示。如果想要分行显示，那么写入的字符串需添加转义字符“\n”，如 books.write('三国演义，罗贯中 \n') 等，请读者自己尝试。

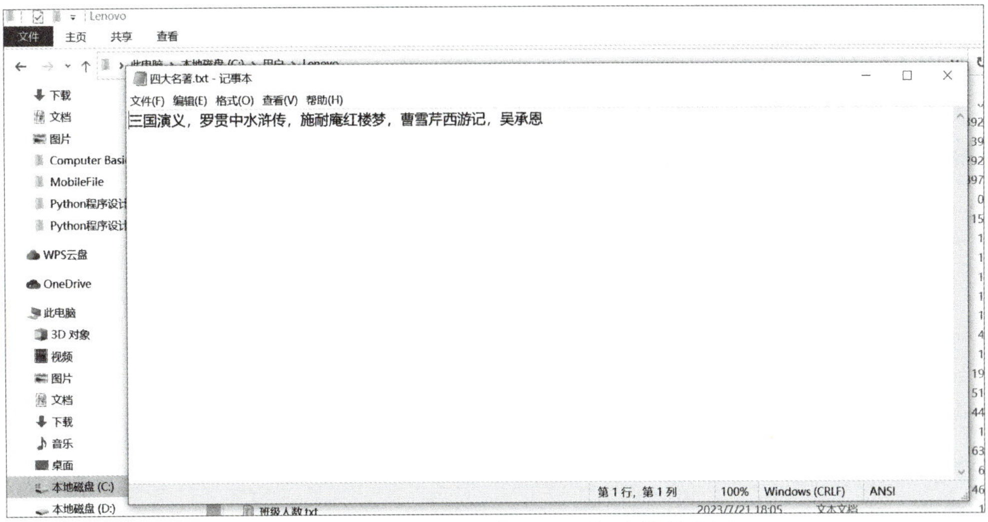

图 7-2　写入“四大名著 7-6.txt”文件的数据

2. writelines( ) 方法

当写入的数据行数较多时，利用 write( ) 方法显然是比较烦琐的。Python 还提供了 writelines( ) 方法，可以一次性写入多个字符串。这里需要特别注意的是，writelines( ) 方法的参数必须是序列类型，且序列的元素必须是字符串。

例 7-7　文件对象的 writelines( ) 方法。

```
books = open('四大名著 7-7.txt',mode='a')
# 将要写入的数据定义为列表
contents = ['三国演义，罗贯中 \n',
            '水浒传，施耐庵 \n',
            '红楼梦，曹雪芹 \n',
            '西游记，吴承恩 \n']
books.writelines(contents)
books.close()
```

与 write( ) 方法一样，使用 writelines( ) 方法写入数据时不会加换行符。因此，如果将例 7-7 的 contents 列表中每个字符串元素的转义字符“\n”去掉的话，就会得到如图 7-2 所示的没有分行的效果。

7.2.4　文件指针定位

当重复调用诸如文件对象的 read( ) 方法时，会读取到文件中连续的内容，这是因为文件对象中存在一个文件指针，可以标识当前位置，就好比使用文字处理软件时闪烁的光标一样。以不同模式打开文件时，文件指针的起始位置会有所不同。当以“只读”“只写”模式打开文件时，文件指针的初始位置在文件头；以“追加”模式打开文件时，文件指针的初始位置在文件末尾。Python 提供了两种方法来操作文件指针。

1. tell( ) 方法

利用文件对象的 tell( ) 方法可以返回文件指针的当前位置，通过例 7-8 的代码可以看到文本文件刚打开和读取一部分数据后文件指针的位置变换。

例 7-8 文件对象的 tell( ) 方法。

```
books = open('四大名著 7-7.txt')
# 以“只读”模式打开文件后，文件指针在文件头
print(books.tell())
print(books.read(15))
# 读取一部分内容后，文件指针的位置向后移动
print(books.tell())
books.close()
```

程序运行结果如下：

```
0
三国演义，罗贯中
水浒传，施耐
30
```

2. seek( ) 方法

利用文件对象的 seek( ) 方法可以将文件指针移动到指定的位置，其语法格式如下：

```
文件对象.seek(offset,whence)
```

其中，offset 参数表示文件指针的偏移量；whence 参数可选，默认值为 0，表示从文件头开始，值为 1 表示从当前位置开始，值为 2 表示从文件末尾开始。

例 7-9 展示了读取如图 7-3 所示的 Tagore.txt 文件，并利用 seek( ) 方法改变文件指针位置的操作。

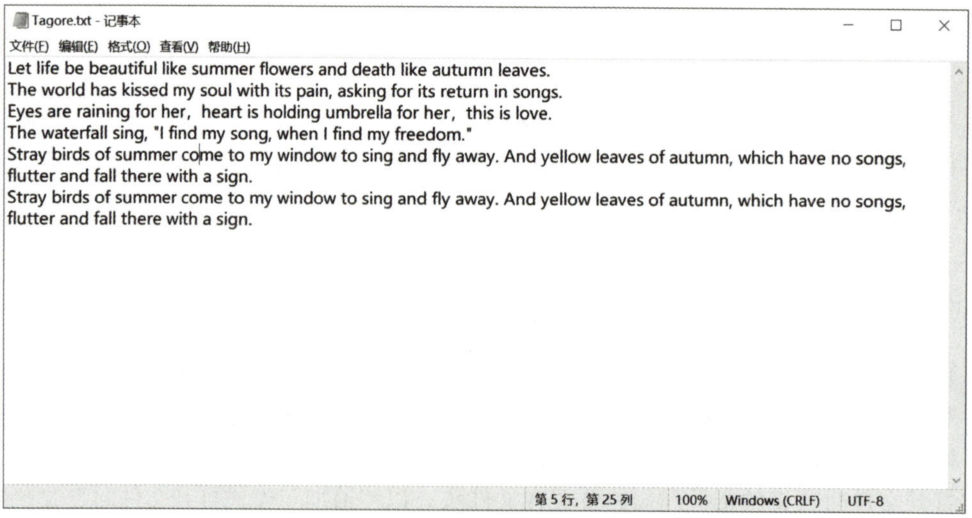

图 7-3 Tagore.txt 文件的内容

例 7-9 文件对象的 seek( ) 方法。

```
poem = open('Tagore.txt',mode='r+')
print(poem.tell())
# 将文件指针从文件头开始向前移动 15 个位置
# 返回值为移动后的文件指针位置
print(poem.seek(15))
# 此时调用 read() 方法，从当前文件指针位置开始读取
print(poem.read(10))
poem.close()
```

程序运行结果如下：

```
0
15
utiful lik
```

如果在此基础上用 poem.seek(2, 1) 的方式继续从当前文件指针移动 2 个位置的话，程序会报错，提示“UnsupportedOperation: can't do nonzero cur-relative seeks”。这是因为文本文件只允许从文件头开始移动文件指针位置。但是用二进制方式打开 Tagore.txt 文件并进行类似的操作则不会报错。

例 7-10 以二进制方式打开文件并使用 seek( ) 方法。

```
poem = open('Tagore.txt',mode='rb')
print(poem.tell())
# 将文件指针从文件头开始向前移动 10 个位置
# 返回值为移动后的文件指针位置
print(poem.seek(10))
print(poem.read(15))
# 从当前文件指针继续移动 5 个位置
print(poem.seek(5,1))
poem.close()
```

程序运行结果如下：

```
0
10
e beautiful lik
30
```

7.2.5 with 语句

在打开文件完成读写等操作后，必须使用 close( ) 方法关闭文件来释放资源。其实，

Python 还提供了一个 with 语句来达到同样的效果。with 语句有一个功能，即不论什么原因结束了 with 语句，它都能保证文件正确关闭，避免由于运行中的错误而无法关闭文件的情况发生。with 语句的语法格式如下：

```
with open(filename,mode,encoding)as 文件对象名：
    代码块
```

例 7-11 with 语句的使用。

```
# 打开文件，生成 poem 文件对象，并读取两行内容
with open('Tagore.txt','r+')as poem:
    print(poem.readline())
    print(poem.readline())
```

程序运行结果如下：

```
Let life be beautiful like summer flowers and death like autumn leaves.
The world has kissed my soul with its pain, asking for its return in songs.
```

7.2.6 读写 CSV 文件

CSV（comma-separated values，逗号分隔值）文件是电子表格和数据库中常见的导入导出格式之一，其本质是使用某种字符集（如 ASCII 码、Unicode 等）的文本形式的文件，可以用记事本、Microsoft Excel、WPS Office 等程序读取。CSV 文件由记录组成，一行对应一条记录，每条记录被英文半角逗号分为多个字段。当然，CSV 文件也可以用分号、制表符等其他符号作为分隔符。图 7-4 和图 7-5 分别是用记事本和 WPS Office 打开“班级人数 .csv”文件的效果。

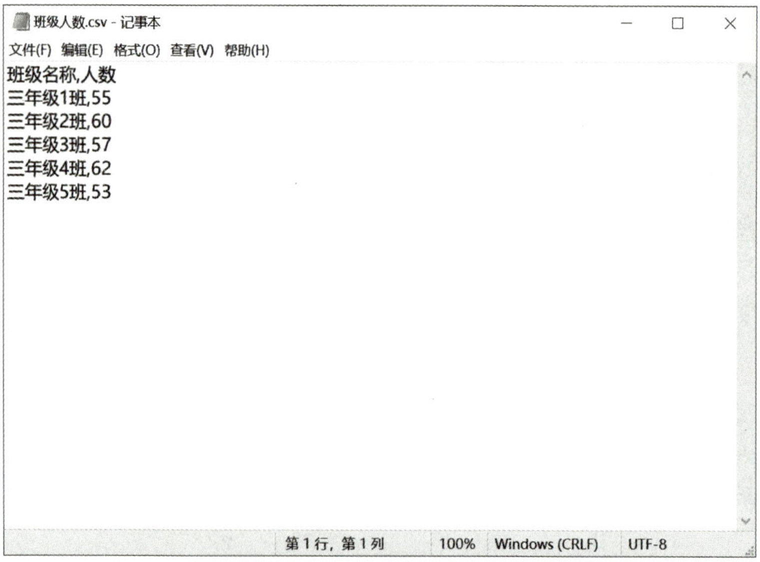

图 7-4 使用记事本打开“班级人数 .csv”文件的效果

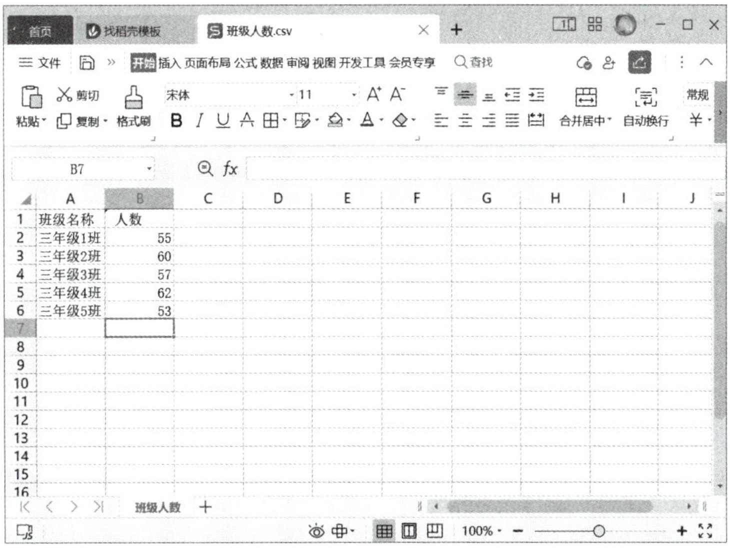

图 7-5　使用 WPS Office 打开“班级人数 .csv”文件的效果

因为 CSV 文件也是文本文件，所以使用前面介绍的文件操作方法可以直接读取它。

例 7-12　利用 open( ) 函数读取 CSV 文件。

```
with open('班级人数.csv') as nums:
    data = nums.readlines()
print(data)
```

程序运行结果如下：

```
['班级名称，人数\n','三年级 1 班，55\n','三年级 2 班，60\n','三年级 3 班，57\n',
'三年级 4 班，62\n','三年级 5 班，53\n']
```

除此之外，Python 还有一个 csv 模块，专门用来处理 CSV 文件。使用前需要先使用 import 语句导入 csv 模块，接着就可以用其中的 reader 或 writer 对象读写文件了。

1. 读取 CSV 文件

在读取 CSV 文件前，需要首先创建一个 reader 对象。csv 模块的 reader( ) 函数可以用来创建 reader 对象，其语法格式如下：

```
reader 对象名 = csv.reader(csvfile,dialect)
```

其中，csvfile 表示迭代对象，一般为文件对象或列表对象；dialect 表示编码风格，默认值为 'excel'，即用逗号进行分隔。

创建 reader 对象后，就可以遍历获取文件中的每行数据了。下面仍以“班级人数 .csv”文件为例来说明。

例 7-13　利用 csv 模块的 reader 对象读取 CSV 文件。

```
# 导入 csv 模块
import csv
```

```
# 利用 csv 模块的 reader 对象读取数据
with open('班级人数.csv') as nums:
    records = csv.reader(nums)
    # 利用列表推导式将读取到的 reader 对象 records 转换为列表
    data = [i for i in records]
print(data)
```

程序运行结果如下：

```
[['班级名称','人数'],['三年级 1 班','55'],['三年级 2 班','60'],['三年级 3 班','57'],
['三年级 4 班','62'],['三年级 5 班','53']]
```

2. 写入 CSV 文件

在把数据写入 CSV 文件之前，需要先利用 csv 模块创建一个 writer 对象，其语法格式如下：

```
writer 对象名 = csv.writer(csvfile,dialect)
```

其中，csvfile 和 dialect 参数的含义与 reader 对象中的相同。

创建 writer 对象后，可以调用对象的 writerow( ) 和 writerows( ) 方法来写入数据。

1）writerow( ) 方法

利用 writerow( ) 方法可以给文件写入一行数据，其参数是一个列表。给“班级人数 .csv”文件增加一行数据的示例代码如下。

例 7-14 使用 csv 模块中 writer 对象的 writerow( ) 方法写入数据。

```
# 导入 csv 模块
import csv
# 打开文件
with open('班级人数.csv',mode='a',newline='')as csv_f:
    # 创建 writer 对象
    writer_f = csv.writer(csv_f)
    # 写入两行数据
    writer_f.writerow(['三年级 6 班','55'])
    writer_f.writerow(['四年级 1 班','40'])
```

2）writerows( ) 方法

利用 writerows( ) 方法可以一次写入多行数据，其参数应为一个序列，序列中的每个元素就是新写入的一行数据。

例 7-15 使用 csv 模块中 writer 对象的 writerows( ) 方法写入数据。

```
# 导入 csv 模块
import csv
# 打开文件
```

```
with open('班级人数.csv',mode='a',newline='')as csv_f:
    # 创建 writer 对象
    writer_f = csv.writer(csv_f)
    # 写入两行数据
    writer_f.writerows([['四年级 2 班','58'],['四年级 3 班','61']])
```

7.2.7 读写 JSON 文件

利用基本的文件操作方法读写文本数据是比较方便的，但是读取诸如数值型数据就会较为麻烦。因为用 open( ) 函数读取的数据都会以字符串形式存在，所以要想使用这些数据，需要利用类型转换函数等方式将其再次转换为数值类型。特别是当被读取的数据结构比较复杂时，处理的难度就更大了。

这就不得不提到另外一种现今被广泛使用的数据交换格式 JSON 了。JSON（JavaScript object notation，JavaScript 对象表示法）是一种用 JavaScript 语法来描述数据结构的轻量级的数据交换格式，这种格式既便于人们阅读和理解，也便于机器解析。这种格式适用于不同的编程语言，是一种当下网络数据交换的常见格式。JSON 格式和 Python 字典很像，也是用键值对来表达数据结构的。例如：

```
{
  "学号": ["001","002","003","004","005"],
  "语文成绩": [120,90,105,78,94],
  "数学成绩": [140,125,145,90,75]
}
```

注意：Python 中可以用一对单引号或双引号来表示字符串，但 JSON 格式中只能使用双引号。

如果将数据以 JSON 格式存储，数值类型的数据可以直接读取为数值，不需要再次转换，可以降低数据处理的复杂度。

▲ JSON 知多少

利用 Python 提供的标准库 json 可以方便地处理 JSON 格式的数据。在使用前，需要先使用 import 语句导入 json 库。json 库主要包含操作类和解析类两大类函数，分别完成 JSON 格式和 Python 内部数据类型的转换及键值对解析功能。

1. 编码

编码的主要功能是将 Python 数据结构转换为 JSON 格式，可以调用 json 库的 dumps( )、dump( ) 函数完成。

1）dumps( ) 函数

dumps( ) 函数的参数可以是 Python 中的列表或字典。

例 7-16 将 Python 字典转换为 JSON 格式。

```
# 导入 json 库
import json
```

```
# 定义一个字典
score = {'Roll_no':['001','002','003'],
        'Chinese':[120,90,105],
        'Math':[140,125,145]}
# 将字典变为 JSON 格式
j_obj = json.dumps(score)
print(j_obj)
```

程序运行结果如下：

```
{"Roll_no": ["001","002","003"],"Chinese":[120,90,105],"Math":
[140,125,145]}
```

2）dump( ) 函数

dump( ) 函数与 dumps( ) 函数的功能类似，区别在于 dump( ) 函数会将编码结果输出为一个 JSON 文件，因此在函数的参数中除了指定编码数据外，还要给出输出的文件名。

例 7-17 将 Python 字典转换为 JSON 文件。

```
# 导入 json 库
import json
# 定义一个字典
score = {'Roll_no':['001','002','003'],
         'Chinese':[120, 90, 105],
         'Math':[140, 125, 145]}
# 将字典编码为 JSON 文件
with open('学生成绩.json',mode='w')as json_f:
    json.dump(score,json_f)
```

程序运行后，在默认目录下生成一个新文件“学生成绩.json”，用记事本打开该文件的效果如图 7-6 所示。

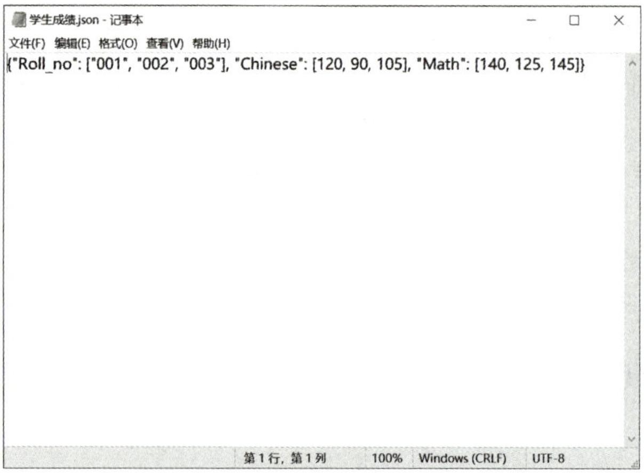

图 7-6　用记事本打开“学生成绩 .json”文件的效果

2. 解码

解码的功能和编码相反，是将 JSON 格式的数据解析为 Python 数据结构，可以调用 loads( )、load( ) 函数来完成。

与前面的 dumps( ) 和 dump( ) 函数类似，loads( ) 与 load( ) 函数的主要区别在于：后者是从 JSON 格式的文件读取数据进行解析。

例 7-18 将 JSON 格式的数据或文件转为 Python 数据结构。

```
# 导入 json 库
import json
# 定义一个字典
score = {'Roll_no':['001','002','003'],
         'Chinese':[120,90,105],
         'Math':[140,125,145]}
# 将字典转换为 JSON 格式
j_obj = json.dumps(score)
print(j_obj)
# 再将 JSON 格式的 j_obj 对象解析为 Python 数据结构
p_obj = json.loads(j_obj)
print(p_obj)
# 从"学生成绩.json"文件将数据解析为 Python 数据结构
with open('学生成绩.json',mode='r')as json_f:
    result = json.load(json_f)
print(result)
```

程序运行结果如下：

```
{"Roll_no": ["001","002","003"],"Chinese":[120,90,105],"Math":
[140,125,145]}
{'Roll_no': ['001','002','003'],'Chinese':[120,90,105],'Math':
[140,125,145]}
{'Roll_no': ['001','002','003'],'Chinese':[120,90,105],'Math':
[140,125,145]}
```

7.3 文件夹相关操作

文件夹是计算机用来管理一组相关文件的工具，其中既可以包含文件，也可以包含子文件夹。通过操作系统中的资源管理器可以管理文件和文件夹，事实上，编程语言也可以用来进行资源管理。例如，Python 自带的 os 模块就可以用来进行文件和文件夹的管理。在使用 os 模块前，需要先使用 import 语句导入该模块。

下面介绍几种常见的文件夹操作。

7.3.1 查看目录内容

使用 os 模块的 listdir( ) 函数，可以返回某一目录下的文件和子文件夹列表，其参数为一个用字符串表示的绝对路径或相对路径。

例 7-19 查看文件目录。

```
# 导入 os 模块
import os
# 显示某一路径下的文件和子文件夹列表
print(os.listdir(r'E:\datasets'))
```

程序运行结果如下：

```
['7～19岁儿童青少年各项体质指标.xlsx','babynames.rar','flights.csv',
'FSHeight.txt','乳腺癌数据集','健康检查数据集','大学毕业生收入数据集','餐饮']
```

需要特别注意的是，反斜杠“\”是路径中盘符、文件夹和文件名之间的分隔符，与 Python 中的转义字符（诸如 \n、\t 等）冲突，有可能导致结果不正确，所以在表示路径时常常需要使用双反斜杠“\\”来取消转义，或者在路径字符串前加上字母 r 代表原样输出。

7.3.2 获取和修改当前目录

当前目录指的是目前的工作目录。存取当前目录中的文件不需要给出路径，直接使用文件名即可，非常方便，代码也比较简洁。可以调用 getcwd( ) 函数来获取当前目录，调用 chdir( ) 函数来指定新的当前目录。

例 7-20 获取和修改当前目录。

```
# 导入 os 模块
import os
# 获取当前路径
print(os.getcwd())
# 修改当前路径
os.chdir(r'E:\datasets')
# 再次获取当前路径
print(os.getcwd())
```

程序运行结果如下：

```
C:\Users\Lenovo
E:\datasets
```

7.3.3 创建目录

os 模块提供了 mkdir( ) 函数来创建文件夹，参数用于给出文件夹的名称，如果文件夹在目录下已经存在，会提示 FileExistsError 的错误信息。

例 7-21 创建目录。

```
# 导入 os 模块
import os
# 在默认路径下创建一个名为“abc”的文件夹
os.mkdir('abc')
```

程序运行后，打开计算机的资源管理器，会看到当前目录中已经创建了一个“abc”文件夹，如图 7-7 所示。

图 7-7 mkdir( ) 函数的运行结果——创建一个“abc”文件夹

7.3.4 重命名文件夹

os 模块提供了 rename( ) 函数来重命名文件夹，该函数有两个参数，第一个参数是当前的文件夹名称，第二个参数是新的文件夹名称。

例 7-22 重命名文件夹。

```
# 导入 os 模块
import os
# 将“abc”文件夹重命名为“abc_new”
os.rename('abc','abc_new')
```

程序运行后，资源管理器中的“abc”文件夹已经重命名为“abc_new”，如图 7-8 所示。如果再次执行语句 os.rename('abc_new','餐饮')，由于路径下已经存在“餐饮”文件夹，所以系统会报错。

图 7-8　rename( ) 函数的运行结果——重命名“abc”文件夹

7.3.5　删除文件夹

可以调用 rmdir( ) 函数来删除文件夹，前提是该文件夹是一个空文件夹。如果文件夹不是空的，则系统会报告 OSError 错误。例如，在例 7-22 的代码的基础上执行语句 os.rmdir('abc_new')，就可以删除“abc_new”文件夹。

7.4　应用例题解析

例 7-23　民生大药房今天新进了一批药品，请编程依次录入药品名称和数量，并将数据存储在一个 .txt 文件中，每种药品占一行。

解析：首先调用 open( ) 函数创建存储药品信息的文件，使用 writeline( ) 方法写入数据。可以输入全部数据后统一写入文件，也可以输入一个数据就写入一个。接着可以利用循环结构和 input( ) 函数接收用户输入，每次接收一条药品信息，当输入“q”时停止。在接收用户输入信息的时候，要特别注意统一药品名称和数量之间的间隔符，以便于存储和后续读取，此处采用“药品名称 数量”这一格式。

参考程序如下：

```
n = 0
with open('druginfo.txt', mode='a')as drugs:
    while True:
        line = input('请输入药品信息:')
        if line == 'q':
            break
        else:
            drugs.writelines(line + '\n')
```

```
            n = n + 1
    print('药品信息录入完成，共录入 %d 条记录'%n)
```

程序运行后，按照提示依次输入每种药品的信息，会得到如下结果。

```
请输入药品信息：阿莫西林胶囊 130
请输入药品信息：硝苯地平缓释片 200
请输入药品信息：生理盐水 100
请输入药品信息：999 感冒冲剂 150
请输入药品信息：q
药品信息录入完成，共录入 4 条记录
```

打开默认路径下的“druginfo.txt”文件，刚才录入的4种药品信息已经保存下来了，如图7-9所示。

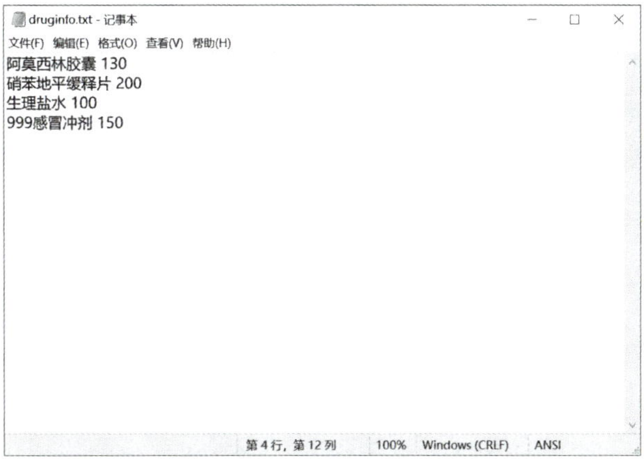

图 7-9 “druginfo.txt”文件中的药品信息

例 7-24 读取“xiaohongmao.txt”文件，统计全文中所有单词的出现次数，并输出出现频率最高的前10个单词。

解析： 首先通过open( )函数读取“xiaohongmao.txt”文件，此任务中无须写入数据，所以以只读方式打开即可。接着需要将文件中的内容读取出来，因为只是统计全文的词频，无须分行，因此利用文件对象的read( )方法直接将全文读取为一个字符串即可。然后可以利用字符串的split( )方法进行字符串拆分，由于英文语句是用空格来区别每个单词的，所以这里指定空格为拆分操作的分隔符，拆分结果是一个列表。接下来需要确定都有哪些单词出现在列表中，可以利用上机实验5的案例2中的方法。最后循环遍历统计每个单词的出现次数，将结果写入字典中。

参考程序如下：

```
# 读取文件
with open('xiaohongmao.txt')as f:
    text = f.read()
# 分词
```

```
split_text = text.split(' ')
# 统计各词的出现次数并构造字典保存
word_counts = {}
word_set = set(split_text)
for i in word_set:
    word_counts[i] = split_text.count(i)
# 逆序
word_counts_result = sorted(word_counts.items(),key=lambda s:s[1],
reverse=True)
# 输出出现次数最多的前 10 个词
print('出现频率最高的前 10 个词是:')
for j in range(10):
    print(word_counts_result[j])
```

程序运行结果如下：

出现频率最高的前 10 个词是：

```
('the',74)
('and',51)
('to',33)
('her',28)
('a',26)
('Riding',23)
('Red',23)
('she',19)
('you',18)
('Little',18)
```

▲例 7-24 讲解

英文中冠词、连词、介词的出现频率比较高，因此统计结果中排在靠前位置的也是这些类型的词汇。需要说明的是，本例只是运用字符串的 split( ) 方法进行了初步分词，精度还不够，读者可以自行学习自然语言处理的相关内容，从更深层次挖掘文本中的信息。

例 7-25 苏白同学正在学习 100 以内整数的加减法，请编写一个程序帮他练习。程序每次会随机出 10 道题，答题后给出结果，同时把答错的题写入“错题本 .txt”文件中，以便今后复习。

解析： 随机出题的功能可以通过 Python 的 random 标准库实现。出题次数和给出结果的控制通过循环结构和 if 语句实现。在程序判断题目答错的时候，将题目写入错题本中。

参考程序如下：

```
import random
wrong_num = 0
```

```
with open('错题本.txt',mode='a')as f:
    for i in range(10):
        # 随机生成两个操作数和操作符
        num1 = random.randint(0,100)
        num2 = random.randint(0,100)
        operator = random.randint(0,1)
        # 出题，判断对错并将错的题目写入文件
        if operator == 0:
            right_answer = num1 + num2
            get_answer = eval(input('%d + %d = '%(num1,num2)))
        else:
            right_answer = num1 - num2
            get_answer = eval(input('%d - %d = '%(num1,num2)))
        if get_answer == right_answer:
            print('恭喜你答对了！')
        else:
            wrong_num += 1
            print('很遗憾，本题答错了，再接再厉！')
            if operator == 0:
                f.writelines('%d + %d%s'%(num1,num2,'\n'))
            else:
                f.writelines('%d - %d%s'%(num1,num2,'\n'))
print('---------------------------------------------')
print('恭喜你完成答题！本次共答对 %d 题，答错 %d 题。'%(10-wrong_num,wrong_num))
```

根据随机生成的 100 以内的整数，程序运行结果如下：

```
83 + 2 = 85
恭喜你答对了！
90 + 0 = 90
恭喜你答对了！
61 - 61 = 0
恭喜你答对了！
11 + 88 = 98
很遗憾，本题答错了，再接再厉！
49 + 48 = 87
很遗憾，本题答错了，再接再厉！
80 + 94 = 174
恭喜你答对了！
16 - 88 = -62
很遗憾，本题答错了，再接再厉！
```

```
53 + 79 = 122
很遗憾，本题答错了，再接再厉！
30 - 98 = -68
恭喜你答对了！
92 + 18 = 110
恭喜你答对了！
---------------------------------------------
恭喜你完成答题！木次共答对 6 题，答错 4 题。
```

与此同时，打开默认路径下的“错题本.txt”文件，刚才做错的 4 道题已经写入文件中，如图 7-10 所示。

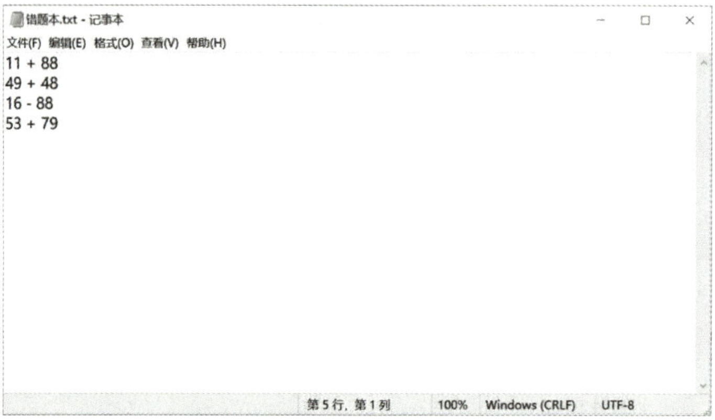

图 7-10　写入“错题本.txt”文件中的 4 道错题

例 7-26　批量修改文件名。images01 文件夹中存放着一些猫咪图片，文件名较为杂乱，如图 7-11 所示。为了后续管理和检索方便，需要将其统一命名为 cat_1、cat_2、…的形式，请编程实现。

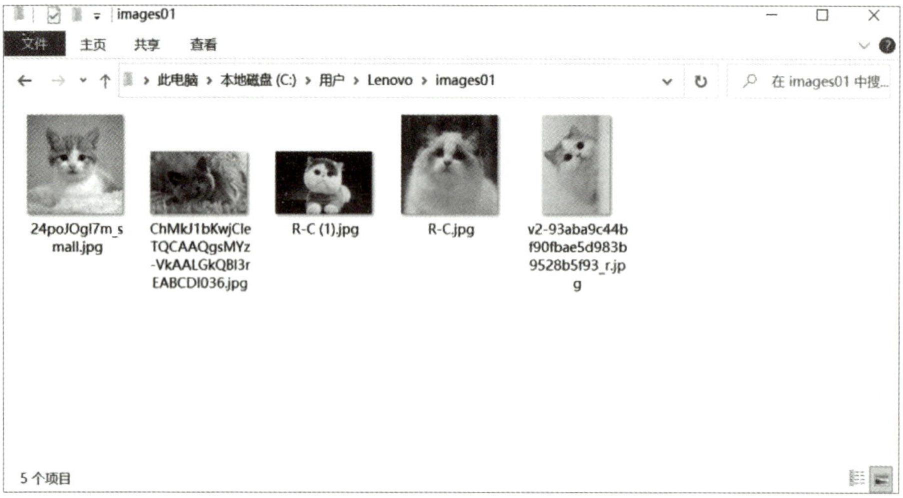

图 7-11　文件名杂乱的 images01 文件夹

解析： Python 的 os 模块是解决本例的有力工具，如利用 os 模块的 listdir( ) 方法可以获取待更名的文件名列表，利用 rename( ) 方法可以修改文件名。另外，为了能够用指定的格式来修改文件名，还需要利用字符串的格式控制方法。

参考代码如下（假设 images01 文件夹为当前目录）：

```
import os
# 获取 images01 文件夹中所有图片文件的名称
names_list = os.listdir()
# 遍历每个文件名，完成重命名
n = 1
for old_fname in names_list:
    new_fname = 'cat_%d.jpg'%n
    os.rename(old_fname,new_fname)
    n += 1
```

程序运行后，再次查看 images01 文件夹，文件名已经按照要求修改了，如图 7-12 所示。

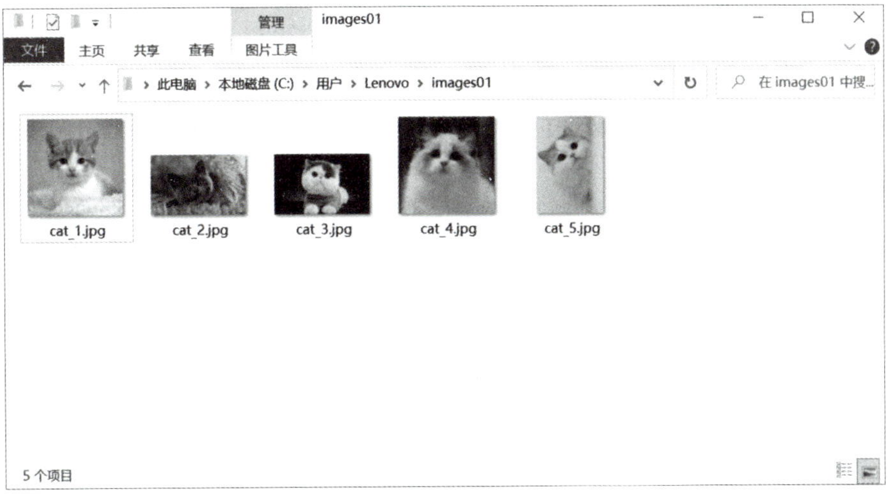

图 7-12　批量重命名文件后的 images01 文件夹

需要说明的是，本例中并未考虑不同类型文件的批量重命名这种更为复杂的情况，读者可结合字符串的相关操作自行尝试。

▲例 7-26 讲解

习　题　7

1．选择题

（1）以下不属于 Python 文件操作方法的是________。

A．write( )　　B．read( )　　C．readline( )　　D．join( )

（2）以下关于文件的描述中，错误的是________。

A．利用文件对象的 seek( ) 方法可以返回文件指针的当前位置

B．调用 readlines( ) 方法可以读取文件，并以每一行为元素返回一个列表

C．使用 open( ) 函数打开文件时，必须要设定 r 或 w 等打开方式，不能省略

D．对文件进行读写操作后必须关闭文件，以防止文件丢失

（3）假设 cities.csv 文件的内容如下：

```
北京，纽约，贵阳
西安，三亚
```

以下代码的输出结果为________。

```
f_data = open('cities.csv','r')
f_list = f_data.read().split(',')
f_data.close()
print(f_list)
```

A．['北京，纽约，贵阳西安，三亚']

B．['北京', '纽约', '贵阳', '西安', '三亚']

C．['北京', '纽约', '贵阳\n 西安', '三亚']

D．['北京', '纽约', '贵阳', '\n', '西安', '三亚']

（4）两次调用文件对象的 write( ) 方法，以下关于连续写入的数据之间如何分隔的说法中，正确的是________。

A．默认采用空格分隔　　B．默认采用逗号分隔

C．无分隔　　D．默认采用制表符分隔

（5）如果需要在打开原始文件后追加新的内容，则应该用________模式打开。

A．r　　B．w　　C．r+　　D．a

（6）以下不属于 Python 文件对象的 seek( ) 方法的参数的是________。

A．-1　　B．0　　C．1　　D．2

2. 填空题

（1）使用上下文管理关键字________可以自动管理文件对象，不论何种原因结束该关键字中的语句块，文件都可以被正确关闭。

（2）文件主要包括________和________两种。

3. 编程题

（1）某野生滇金丝猴自然保护区的工作人员给区域内的 5 只雌性金丝猴安装了位置传感器，并将其数据传输记录到“ monkey.txt”文件中。其中，第一列是金丝猴编号，第二列是经度，第三列是纬度，第四列是数据获取日期。请读取“ monkey.txt”文件，并将编号为“m001”的所有数据筛选出来。

（2）data 文件夹中有很多不同的文件，其中的文本文件都记录着某班的学生成绩，但是记录太分散了，不方便统计。请编程将所有文本文件中的数据合并在一个文本文件中。注：文本文件的第一列是学号，第二、三列是两门课程的成绩。

（3）文轩同学有用记事本写日记的习惯，但又不希望其他人读到自己的秘密。请帮他编写一个日记加密程序，将他的日记加密后写入另一个文件中，加密方式可自行确定。

▲习题参考答案

上机实验 7

1. 实验目的及要求

（1）掌握 Python 文件读写的常见函数和方法。

（2）掌握 with 语句的使用。

（3）能够根据实际问题选择合适的文件处理函数和方法。

（4）熟悉文件读写和字符串处理、复合数据结构、程序控制结构的综合应用。

2. 实验案例

案例 1　补充程序：读取“Tagore.txt”文件的每行内容，然后反向写入另一个文件中，即最后一行变为第一行。

实验步骤

（1）用 open( ) 函数的默认模式打开“ Tagore.txt”文件，并利用 readlines( ) 方法将其内容读取到一个列表中。

（2）用 open( ) 函数的写入模式打开“ newTagore.txt”文件，利用 writelines( ) 方法将读取到的列表逆序写入。利用切片操作可以方便地实现列表逆序。

运行程序后，默认目录下会生成新的“ newTagore.txt”文件。“ Tagore.txt”文件逆序输出前后的对比效果如图 7-13 所示。

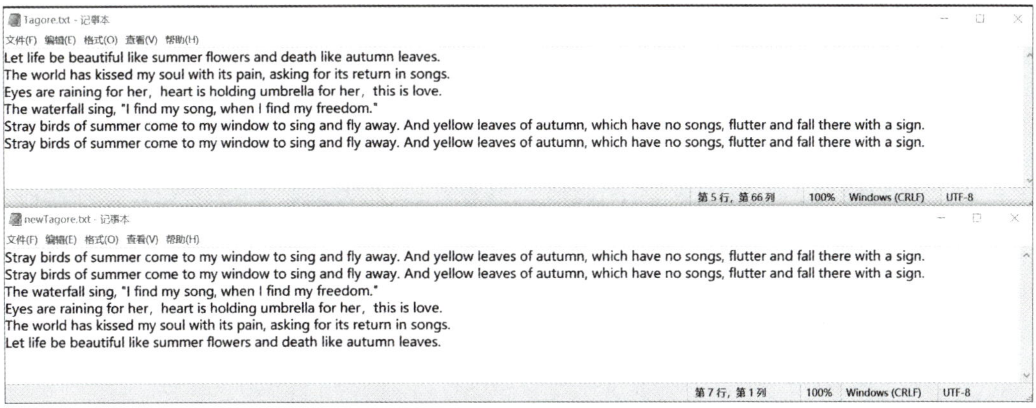

图 7-13　“Tagore.txt”文件逆序输出前后的对比效果

程序代码如下：

```
# 读取原文件
with open('Tagore.txt')as read_f:
    lines = _______
```

```
#逆序写入另一个文件中
with open('newTagore.txt','a')as read_w:
    read_w.________
```

案例 2 写出程序的运行结果：图书管理员将近期图书馆的借书记录存在“books.txt”文件中，请编程统计借阅次数最高的三本图书。“books.txt”文件的每一行代表一条借书记录，包括读者编号和图书名称两部分。

实验步骤

（1）用 open( ) 函数的默认模式打开“books.txt”文件，并使用 readlines( ) 方法将其内容读取到列表中。

（2）将存放图书名称的变量 books 初始化为空列表，循环遍历步骤（1）中得到的列表，并利用字符串的 split( ) 方法提取每条借书信息中的图书名称部分，并追加到 books 列表中。由于每个图书名称后还有换行符“\n”，因此需要使用字符串的 replace( ) 方法将其删除。

（3）统计得到的图书名称列表中各个元素的出现次数，并存储到字典 books_counts 中。

（4）对字典进行降序排列，并输出前三个元素。由于字典本身没有用于排序的方法，因此此处采用的是 7.4 节中例 7–24 的方法。

程序代码如下：

```
#读取原文件
with open('books.txt',encoding='utf-8')as read_f:
    lines = read_f.readlines()
#提取其中的图书名称
books = []
for item in lines:
    #提取每行中的图书名称
    book_name = item.split(',')[1]
    #去掉结尾的换行符
    book_name = book_name.replace('\n','')
    #将图书名称追加到列表中
    books.append(book_name)
#统计每本书的借阅次数
books_counts = {}
books_set = set(books)
for i in books_set:
    books_counts[i] = books.count(i)
#逆序
books_counts_result = sorted(books_counts.items(),key=lambda s:s[1],
reverse=True)
#输出借阅量最高的三本书
```

```
print('借阅量前三的书是:')
for j in range(3):
    print(books_counts_result[j])
```

案例 3　写出程序的运行结果：学校计算机机房的 IP 地址混乱，提示有冲突。现已将所有 IP 地址统计在“IP 地址.txt”文件中，请编程读取文件并找出冲突的 IP 地址。

实验步骤

（1）以 open( ) 函数的默认模式读取“IP 地址.txt”文件，并利用 readlines( ) 方法将全部内容读入一个列表中，列表的元素即为所有 IP 地址。

（2）用字符串的 replace( ) 方法去除每个 IP 地址结尾的换行符。

（3）遍历每个元素，求 IP 地址的出现次数，并输出所有出现次数大于 1 的 IP 地址。

程序代码如下：

```
# 读取原文件
with open('IP 地址.txt')as f:
    lines = f.readlines()
# 去掉 IP 地址结尾的换行符
ips = [i.replace('\n','')for i in lines]
# 统计重复的 IP 地址并输出
print('IP 地址重复情况如下:')
for item in set(ips):
    n = ips.count(item)
    if n > 1:
        print('%s 出现了 %d 次'%(item,n))
```

第 8 章　人工智能基础

随着现代科技的不断发展，人工智能已经成功应用于社会生活的各个领域。本章主要介绍人工智能的相关概念，为后面章节的实现和应用奠定基础。

8.1 人工智能的基本概念

人工智能（artificial intelligence，AI）是指通过计算机系统来模拟人类智能和学习能力的科学和技术领域。人工智能研究和开发的目标是使机器能够像人类一样，具有感知、理解、学习、推理、决策和交互等多种功能，即具有智力。人工智能是一门融合计算机科学、统计学、脑神经学和社会科学的前沿综合学科，涉及多个学科领域，包括机器学习、计算机视觉、自然语言处理、专家系统和强化学习等。

人工智能、机器学习和深度学习的关系如图 8-1 所示。

▲人工智能三大流派

▲自然语言处理

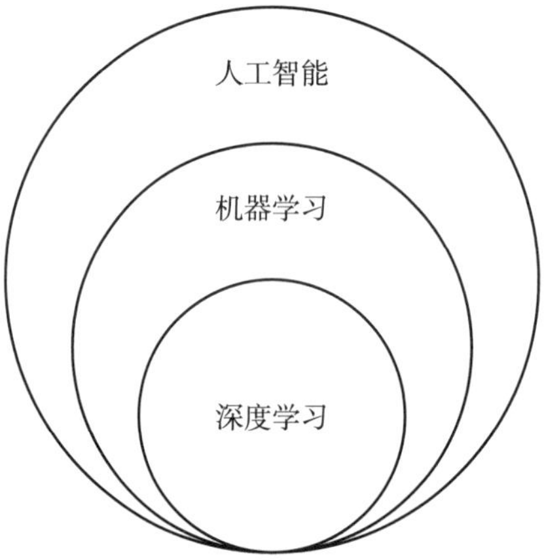

图 8-1　人工智能、机器学习和深度学习的关系

人工智能致力于开发出能够模拟、理解和执行人类智能任务的计算机系统。人工智能的研究领域非常广泛，包括知识推理、自然语言处理、计算机视觉、专家系统等多个领域。

机器学习（machine learning，ML）是人工智能的一个重要分支，是一种让计算机通过学习和训练数据来改善工作方式和自动完成任务的方法。机器学习的核心思想是通过构建并优化模型，使计算机能够从数据中学习规律和模式，进而进行预测和决策。常见的机器学习算法包括线性回归、决策树、支持向量机（support vector machines，SVM）、朴素贝叶斯、人工神经网络（artificial neural network，ANN）等。机器学习广泛应用于图像识别、语音识别、推荐系统、投资预测等领域。

深度学习（deep learning，DL）是机器学习的一个子领域，它模拟人脑神经网络的结构和功能，通过构建深层次的神经网络来解决复杂的问题。深度学习使用多层神经网络来自动提取、学习和表示数据中的特征，并且已经在计算机视觉、自然语言处理和语音识别等领域取得了重大突破，如图像分类、目标检测、机器翻译等。

▲神经网络与深度学习

综上所述，人工智能、机器学习和深度学习三者之间存在一定的联系和重叠，同时具有各自的独立性和特点。

8.2 人工智能的发展历程

人工智能的发展历程可以追溯到 20 世纪四五十年代，其发展历程大致可分为 5 个阶段。

1. 起步发展期（1943 年至 20 世纪 60 年代）

1956 年，美国达特茅斯人工智能研讨会上正式提出人工智能的概念，这标志着人工智能作为一门学科的正式诞生。人工智能的概念提出后，发展出了符号主义、联结主义学派，并取得了举世瞩目的研究成果，如定理证明、跳棋游戏、人机对话等，掀起了人工智能的第一个高潮。

2. 反思发展期（20 世纪六七十年代）

基于人工智能发展初期的突破性进展，人们对人工智能怀有不切实际的期望，然而由于计算机硬件、理论及数据等的限制，很多人工智能项目失败，人工智能的发展走入低谷。

20 世纪六七十年代，以专家系统为代表的符号主义的兴起，使得研究人员开始关注符号推理系统的开发，尝试用逻辑和语义知识编程来解决问题，如将 DENDRAL 系统用于化学结构推断。

3. 应用发展期（20 世纪七八十年代）

20 世纪七八十年代，人工智能步入应用发展的新高潮。专家系统模拟人类专家的知识和经验解决特定领域的问题，实现了人工智能从理论研究走向实际应用、从一般推理策略探讨转向运用专门知识的重大突破。联结主义的兴起，使得研究人员开始关注神经网络和机器学习的发展。1986 年，杰弗里 · 辛顿（Geoffrey Hinton）等人提出反向传播算法，为神经网络的训练提供了有效的方法。机器学习、神经网络开始在大量的实际问题中得到应用。

4. 平稳发展期（20 世纪 90 年代至 2010 年）

随着互联网技术的迅速发展，数据的积累和计算机硬件的发展加速了人工智能的创新研究，人工智能技术也逐步走向实用化，并在各个领域取得了长足进步。这个时期支持向量机、人工神经网络在技术上不断提高，并得到了成功应用。1997 年，IBM 的 Deep Blue（深蓝）超级计算机在国际象棋大师赛击败了国际象棋世界冠军卡尔森，标志着 AI 在特定领域取得了重要突破。

5. 蓬勃发展期（2011 年至今）

大数据、云计算、互联网、物联网以及图形处理器（GPU）等软硬件的发展，推动了以深度神经网络为代表的人工智能技术的飞速发展，大幅跨越了科学与应用之间的技术鸿沟。人工智能在图像分类、语音识别、知识问答、人机对弈、无人驾驶等应用中实现了重大的技术突破，并迎来爆发式增长的新高潮。

2011 年，IBM 的沃森（Watson）在智力问答节目《危险境地！》中以压倒性优势打败了人类智力竞赛冠军。沃森是第一个成功应用自然语言处理与机器学习技术的智能系统，展示了 AI 在复杂问题上的能力。2015 年，由 DeepMind 开发的人工智能程序 AlphaGo，战胜了围棋世界冠军李世石。2022 年，ChatGPT 的推出，引起了全球对人工智能的广泛关注。人工智能技术逐渐走向商业应用和普及阶段。

▲人工智能伦理问题

8.3 人工智能的分类

8.3.1 根据建模方式不同分类

机器学习算法包含多种学习方式，常用的是监督学习、非监督学习、半监督学习和强化学习。

1. 监督学习

监督学习（supervised learning）是基于已知标签的数据进行训练和预测的机器学习方法。监督学习使用输入特征和对应的标签来构建模型，并采用构建好的模型预测新的未知数据的标签。

常见的监督学习算法包括决策树（decision tree）、随机森林（random forest）、朴素贝叶斯（naive Bayes）、K 近邻算法（K-nearest neighbors）、支持向量机、神经网络（neural networks）。

监督学习中的训练数据包括输入特征和对应的标签或输出值。模型通过学习输入特征和输出值之间的关系，预测新的样本数据的标签或对应的输出值。监督学习过程如图 8-2 所示。

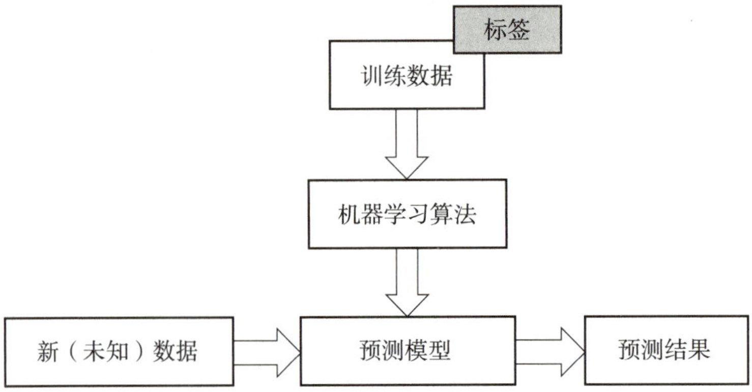

图 8-2　监督学习过程

以下是常见的监督学习的应用案例。

（1）邮件分类。邮件分类模型可以将电子邮件自动分类为垃圾邮件或非垃圾邮件。通过使用带有标签的邮件数据集进行训练，监督学习算法可以学习到垃圾邮件和非垃圾邮件之间的特征和模式，并能够对新的未标记邮件进行分类。

（2）图像识别。图像识别模型可以将图像自动分类为不同的对象或场景。监督学习算法通过使用带有标签的图像数据集来训练模型，模型可以学习到不同类别图像之间的视觉特征和模式，并可以对新的图像进行分类预测。

（3）肿瘤预测。根据病患的医学特征和诊断结果，肿瘤预测模型可以预测患者是否患有恶性肿瘤。通过使用带有标签的医学数据集进行训练，监督学习算法可以学习到不同医学特征与恶性肿瘤之间的关联，从而对新的患者进行预测和诊断。

（4）股票预测。根据历史的股票价格和其他相关因素，股票预测模型可以预测未来股价的走势。通过使用带有标签的历史股票数据进行模型训练，监督学习算法可以学习到不同指标与股价之间的关系，从而进行未来股价的预测。

（5）机器翻译。机器翻译模型可以将一种语言的文本自动转换为另一种语言。监督学习算法通过使用成对的已翻译文本数据进行训练，模型可以学习到不同语言之间的翻译规则和语义特征，从而进行自动翻译。

2. 非监督学习

非监督学习（unsupervised learning）利用无标签的训练数据来学习数据中的模式和结构。常见的非监督学习算法包括聚类算法（如 K 均值聚类和层次聚类）、主成分分析（PCA）、奇异值分解（SVD）等。

非监督学习算法可以发现数据中的模式、结构和关联性。非监督学习过程如图 8–3 所示。

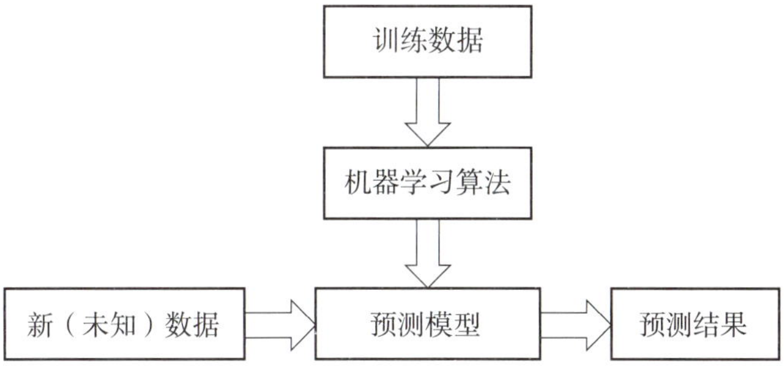

图 8–3　非监督学习过程

非监督学习对于数据的探索和理解非常有价值，在数据挖掘、图像处理、商业分析等领域中具有广泛的应用。

常见的非监督学习的应用如下。

（1）聚类分析。聚类分析是指根据数据相似性进行自动分组。聚类属于一种典型的非监督学习任务，它可以根据数据的特征和属性将数据分为不同的簇。例如，通过对客户购买行为数据进行聚类，可以将客户分为不同的群组，以便更好地了解他们的购买习惯和行为模式。

（2）异常检测。异常检测是指识别数据集中的异常值和离群值。通过使用非监督学习算法，可以发现与其他数据点不同的异常值。例如，在网络安全中，可以使用非监督学习算法来检测网络中的异常活动或攻击行为。

（3）降维。降维是指将高维数据集转化为低维数据集，以保留其重要特征。降维可以减少数据的维度和复杂性，提高模型的训练效率。例如，主成分分析是一种常用的降维算法，通过将数据映射到新的、更低维的空间降低数据的维度，同时保留最重要的特征。

（4）关联规则挖掘。关联规则挖掘是指发现数据集中数据之间的相关性和关联性。通过非监督学习算法可以发现数据集中的隐藏模式和规律。例如，在市场营销中，可以使用关联规则挖掘识别消费者的购买模式，以便更高效地进行商品销售和推荐。

（5）图像分割。图像分割是指将图像分为不同的区域或对象。通过非监督学习算法可以根据图像像素之间的相似性对图像进行分割。例如，在医学图像分析中，将 X 射线图像或病理图像中的组织分割为不同的区域。

3. 半监督学习

半监督学习算法利用标签数据和无标签数据进行训练和预测。通常情况下，只有小部分的数据有标签，而大部分数据是无标签的。半监督学习算法通过在标签数据和无标签数据上构建模型，利用标签数据的信息来提高模型的性能，使用无标签数据的分布信息来提高模型的泛化能力。在某些领域中，获得标签数据很昂贵或很耗时，但获取大量的无标签数据却相对容易，这时可以利用半监督学习算法来建立模型。

4. 强化学习

强化学习关注的是智能体在与环境交互的过程中如何通过采取不同的行动来累积奖励，并使其最大化。在强化学习中，没有显式的标签或目标输出，而是通过在环境中进行试错学习，让智能体不断调整策略，以最大化长期奖励。

强化学习的基本组成包括如下几个部分。

（1）智能体（agent）。智能体是指负责在环境中感知和执行动作的学习系统，它根据当前的状态选择动作并观察环境的反馈。

（2）环境（environment）。智能体所处的外部环境，可以是现实世界中的物理环境，也可以是仿真环境。它接收来自智能体的动作并返回相应的状态和奖励信号。

（3）状态（state）。状态指环境的观测值，用来描述环境的特定状态。智能体根据当前状态选择下一步的动作。

（4）动作（action）。动作指智能体在某个特定状态下可以采取的行动或决策。动作的选择由智能体的策略决定。

（5）奖励（reward）。奖励指环境在每个时间返回给智能体的反馈信号，用来评估智能体当前的行为。奖励可以是正数、负数或 0。

强化学习的目标是通过学习最优策略，即在给定状态下选择最优动作的策略，从而最大化累积奖励。

强化学习被广泛应用于很多领域，如汽车自动驾驶、智能游戏、金融交易和机器人控制等，它能够帮助智能体在复杂的环境中自主学习和做出决策，从而实现目标的最大化。

8.3.2 根据任务不同分类

根据人工智能要解决的问题不同，机器学习算法可以分为分类、回归、聚类等类型。

1. 分类

分类任务是机器学习中的一种监督学习任务，其目标是将数据实例分到预定义的类别中。在分类问题中，基于已知的输入特征和相应的标签，训练一个模型，然后使用该模型对未标记的数据实例进行预测分类。常见的分类算法包括朴素贝叶斯、支持向量机、决策树和深度学习等，应用场景包括图像识别、文本分类、情感分析等。

2. 回归

回归任务也是一种监督学习任务，其目标是通过建立一个函数模型，从输入特征预测一个连续的数值输出。回归问题主要用于寻找变量之间的联系和建模。回归分析的常见算法包括线性回归、岭回归、支持向量回归和随机森林等，应用场景包括房价预测、股票价格预测等。

3. 聚类

聚类任务是一种无监督学习任务，用于将数据根据相似性或相关性分组成簇。聚类算法通过测量数据之间的距离或相似性来确定数据的分组方式。与分类和回归任务不同，聚类任务中没有预定义的标签，目标是根据数据自身的属性进行归纳和发现。常见的聚类算法包括 K 均值聚类、层次聚类和 DBSCAN 等，应用场景包括市场细分、图像分割、用户群体分析等。

分类任务和回归任务均为监督学习任务，但分类是将输入数据划分到预定义的类别中，回归是根据输入特征预测连续的数值输出。分类任务和聚类任务都是将数据分组的任务，区别在于分类是有监督的，有预定义的类别标签，而聚类是无监督的，没有预定义的标签。回归和聚类都是通过学习数据的内在模式和关系，但回归的输出是连续数值，而聚类的输出是群集或簇。

分类、回归和聚类在实际应用中可互相补充，使用不同的方法和模型来解决不同的问题。

8.4 常用的人工智能算法

人工智能算法包括 K 近邻算法、K 均值聚类、贝叶斯分类器、支持向量机、人工神经网络、卷积神经网络等。下面介绍其中几种常用的人工智能算法。

8.4.1 K 近邻算法

K 近邻算法是一种常用的监督学习算法，用于分类和回归问题，其基本思想是基于特征的相似性进行预测。

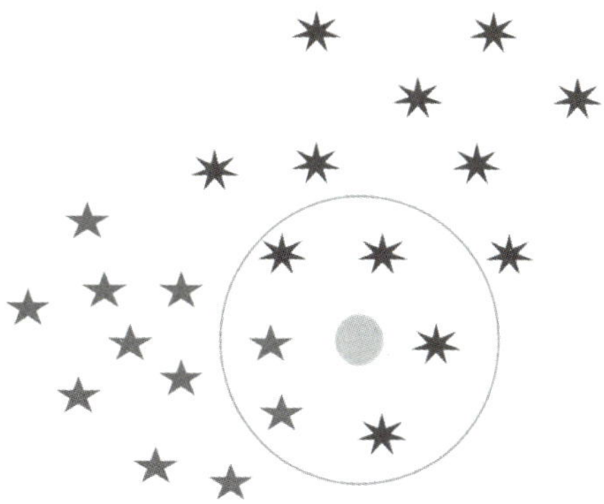

图 8-4 K 近邻算法的原理

K 近邻算法的提出是基于“物以类聚”的思想，认为相同类别的样本在特征空间中应该聚集在一起。如图 8-4 所示，有七角星和五角星两类数据，假设圆点是未知类别的样本，要根据已知样本采用 K 近邻算法预测圆点的类别。预测方法是首先找到 k 个离未知样本最近的样本，如果样本中的大多数属于某个类别，则未知样本被预测为该类别。图 8-4 中，当 $k=6$ 时，6 个离圆点最近的样本中有 4 个样本属于七角星，2 个属于五角星，所以未知样本根据 K 近邻算法的原理被预测为属于七角星类别。

K 近邻算法的优点包括简单易懂、适用于多分类和回归问题、对数据没有过多的假设，其缺点在于需要存储和计算大量的训练样本、高维特征空间的计算复杂度高、不平衡数据集容易受到噪声和异常值的干扰等。

8.4.2　K 均值聚类

K 均值（K-means）聚类又称为 K-means 算法，是一种常用的无监督学习算法，它通过样本之间的相似性对数据集进行聚类，根据类内差距最小化及类间差距最大化的原则，将数据集分成 k 个聚类。

K 均值聚类算法的核心任务是根据设定好的 k，找出 k 个最优的中心点，并将离这些中心点最近的数据分别分配到这些中心点代表的聚类中。在 K 均值聚类算法中，k 是需要提前确定的参数。具体过程可以总结如下。

（1）初始化。随机选择或者通过其他方法选择 k 个聚类中心点。

（2）分配。对于每个样本，计算其与每个聚类中心点的距离，并将其分配到与它距离最近的聚类中心点所在的聚类。

（3）更新中心点。对于每个聚类，计算簇内所有样本的平均值，将该平均值作为新的聚类中心点。

（4）与前一次计算得到的 k 个聚类中心点比较，如果聚类中心点发生变化，转向步骤（2），否则转向步骤（5）。

（5）当找到一个聚类中心点时，在每次迭代中被分配到这个聚类中心点上的样本都是一致的，即每次新生成的聚类都是一致的，所有样本都不会再从一个聚类转移到另一个聚类，聚类中心点不会变化时，停止并输出聚类结果。

K 均值聚类算法的计算过程如图 8-5 所示。

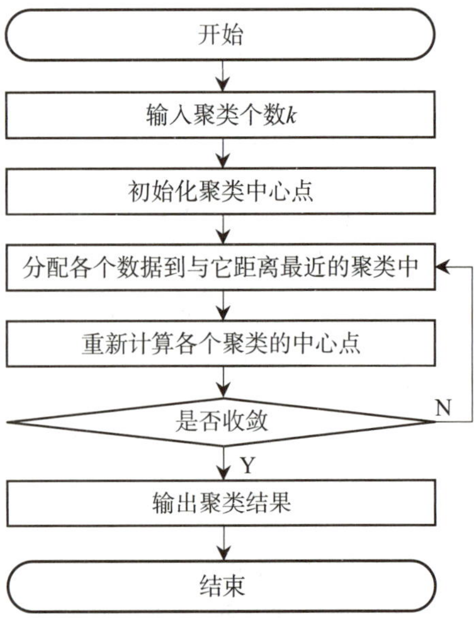

图 8-5　K 均值聚类算法的计算过程

K 均值聚类算法的优点是简单、易于实现、计算效率高，可应用于许多领域，如数据挖掘、图像分析和模式识别等领域。然而，K 均值聚类算法也有一些限制，例如对初始中心点的选择敏感，可能会收敛到局部最优解，并且对数据分布的形状和大小敏感。

在使用 K 均值聚类算法时，通常需要预先指定聚类的数量 k。选择合适的 k 值是一个重要的问题。

8.4.3　贝叶斯分类器

贝叶斯分类器是一种基于概率理论的分类方法，它根据样本的特征概率进行分类预测。贝叶斯分类器基于贝叶斯定理，将后验概率估计为先验概率与样本特征条件下的概率的乘积，然后选择具有最高后验概率的类别作为预测结果。

贝叶斯分类器的工作原理如下。

（1）计算每个类别的先验概率。从样本中统计每个类别的出现次数，并除以样本总数，得到每个类别的先验概率。

（2）计算样本特征的条件概率。对于每个特征，根据训练数据中每个类别的样本特征统计，计算每个特征在各个类别下的条件概率。

（3）计算后验概率。对于一个新的样本，利用贝叶斯定理，将先验概率和样本特征的条件概率相乘，得到一个类别的后验概率，从而计算每个类别的后验概率。

（4）选择最高后验概率的类别。根据计算得到的后验概率，选择具有最高后验概率的类别作为预测结果。

贝叶斯分类器具有原理简单和容易实现的特点，适用于大规模数据集。

8.4.4　支持向量机

支持向量机是一种机器学习算法，常用于二分类和多分类问题的分类和回归任务。支持向量机的核心思想是寻找一个最优的超平面，将不同类别的样本点在特征空间中分隔开。

在支持向量机中，样本点被表示为特征向量。在特征空间中，每个样本点对应一个点，算法的目标是找到一个超平面，使得距离超平面最近的样本点到超平面的距离（间隔）最大化，如图 8-6 所示。这些距离最近的样本点被称为支持向量，它们决定了超平面的位置。

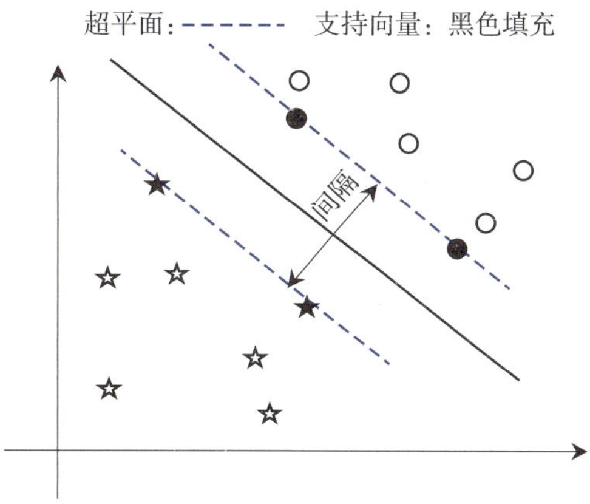

图 8-6　支持向量和间隔

对于线性可分的情况，支持向量机通过最大化间隔将数据点分开；对于线性不可分的情况，支持向量机采用核函数（kernel function）将数据从原始特征空间映射到更高维的特征空间，使数据在非线性问题中也可以被线性分割。常用的核函数有线性核函数、多项式核函数和高斯核函数等。

支持向量机具有以下特点和优势。

（1）在高维空间中有效。支持向量机能够处理高维特征空间中的数据，并且鲁棒性较好。

（2）由少量支持向量决定超平面。支持向量机只使用少量的支持向量，因此其对内存的开销较小。

（3）非线性问题的处理。通过使用核函数，支持向量机可以处理非线性问题，可以将数据映射到更高维的特征空间进行线性分割。

支持向量机在很多领域获得了广泛应用，包括文本分类、图像识别、生物信息学、数据挖掘等。

8.4.5　人工神经网络

人工神经网络（ANN）是一种模拟人脑神经系统工作原理的计算模型，它由许多类似于生物神经元的基本单元（节点）组成，这些节点通过连接权重互相传递和处理信息。

人工神经网络的主要组成部分包括输入层、隐藏层和输出层，如图 8-7 所示。输入层接收外部的输入数据，隐藏层对这些输入数据进行复杂的计算和转换，并将结果传递给输出层，输出层产生最终的输出结果。

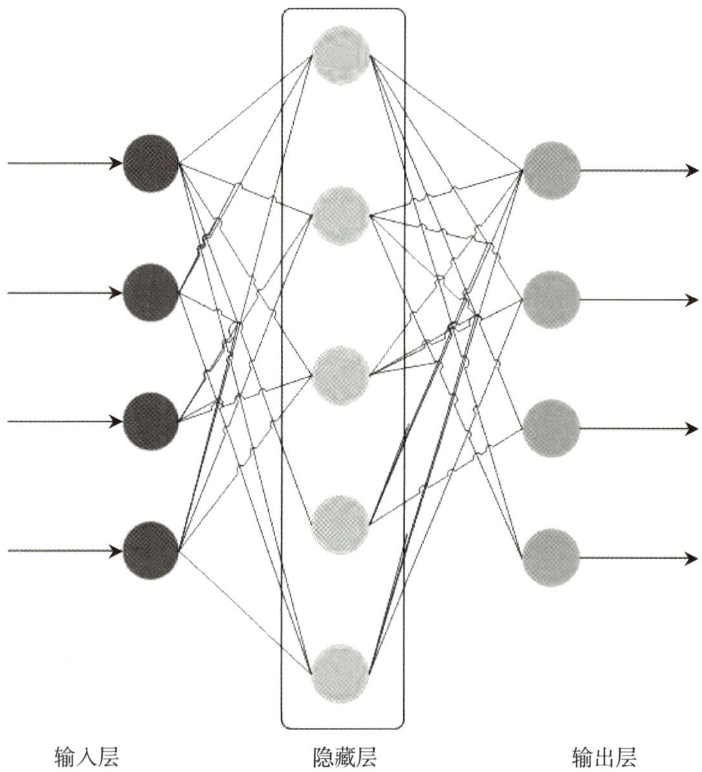

图 8-7　人工神经网络的主要组成部分

人工神经网络的工作原理如下。

（1）初始化权重和偏置。在训练模型之前，需要对连接权重和偏置进行初始化。

（2）前向传播。从输入层开始，将输入数据通过连接权重和偏置传递到隐藏层，并经过激活函数进行非线性计算。隐藏层的输出会传递到下一层，直到到达输出层。

（3）计算损失函数。将神经网络的输出与真实标签进行比较，计算损失函数（如均方误差损失函数），以便评估模型预测的准确性。

（4）反向传播。基于损失函数，使用反向传播算法来更新连接权重和偏置，以使神经网络的输出逐渐接近真实的数据标签。

（5）重复迭代。反复进行前向传播和反向传播，通过调整连接权重和偏置来降低损失函数，直到达到收敛或满足预先设定的停止条件。

（6）预测输出。当模型训练完成后，可以将新的数据输入神经网络中进行预测，得到输出结果。

人工神经网络通过引入激活函数可以解决线性不可分的问题，这种算法适用于解决各种复杂数据结构的数据的分类和回归问题。

然而，人工神经网络也存在一些挑战和限制，如对大量训练数据的需求复杂，对超参数的选择和调整敏感，容易过拟合等。

8.4.6　卷积神经网络

卷积神经网络（convolutional neural network，CNN）是一种深度学习算法，广泛应用于计算机视觉任务中，如图像分类、目标检测和图像生成等。

卷积神经网络的特点在于能够自动提取输入数据的特征，从而实现对输入数据的高效分类和识别。

1. 卷积神经网络的结构

卷积神经网络主要由输入层、卷积层（convolutional layer）、池化层（pooling layer）、全连接层（fully connected layer）和输出层等组成，其结构如图 8-8 所示。

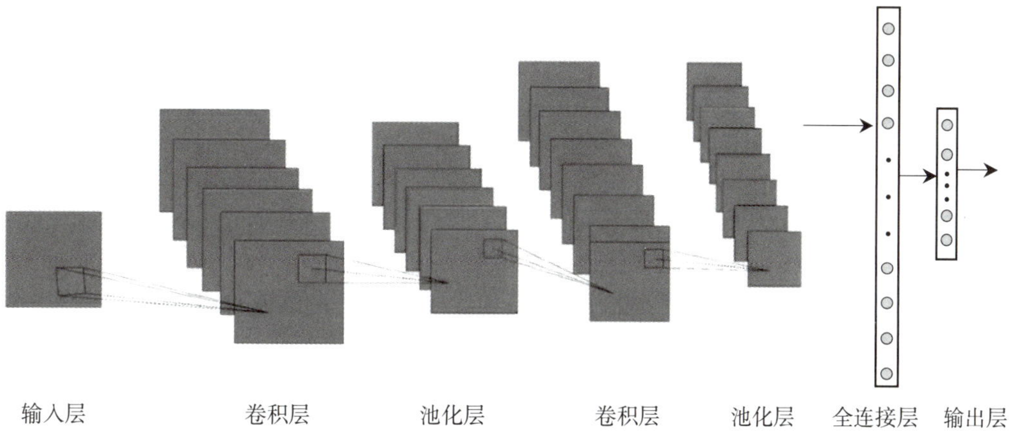

图 8-8　卷积神经网络的结构

（1）输入层。输入层将输入的图像数据传入卷积神经网络。

（2）卷积层。卷积层是卷积神经网络的核心部分，它通过对输入图像的不同区域进行卷积运算，提取图像中的特征。每个卷积层包含多个卷积核（也称为滤波器），每个卷积核对输入图像进行卷积运算，生成一个特征图。卷积操作通过将卷积核与输入图像的局部区域按元素相乘，并将乘积结果求和，得到一个输出值。将卷积核移动到不同位置，重复这个过程，最终生成一个特征图。

（3）池化层。池化层通过对输入的特征图进行降采样操作，减少特征图的空间维度，从而减少网络的参数和计算量。常见的池化操作包括最大池化（max pooling）和平均池化（average pooling），最大池化或平均池化分别选择池化操作中的最大值或平均值作为输出。

（4）全连接层。全连接层将经过卷积和池化处理后的特征图转化为一维向量，并连接到输出层上。全连接层的作用是将特征进行分类或回归任务。

（5）输出层。输出层接收来自全连接层的输入，并根据需求产生对应的输出。

在网络训练中，卷积神经网络通过反向传播算法对参数进行优化，通过最小化损失函数来提高网络的性能。常用的优化器包括随机梯度下降（stochastic gradient descent，SGD）、Adam（自适应矩估计）和 AdaGrad（用于处理稀疏的梯度）等类型。

卷积神经网络通过卷积层提取图像的局部特征，通过池化层减少特征维度，通过全连接层实现分类或回归任务。卷积神经网络的优势在于它能够处理图像等多维输入数据，具有自动学习特征的能力，是计算机视觉领域主要的深度学习算法之一。

2. 卷积神经网络的应用

卷积神经网络已经广泛应用于图像分类、自然语言处理、视频分析、医疗影像诊断、自动驾驶等许多领域。以下是一些卷积神经网络算法的应用案例。

（1）图像分类。卷积神经网络常用于图像分类任务，如图像识别和物体检测。通过输入图像的卷积和池化操作，提取出图像的特征，并通过全连接层进行分类。

（2）自然语言处理。卷积神经网络也可以用于自然语言处理任务，如文本分类和情感分析。通过将文本转化成词向量矩阵，利用卷积和池化操作提取出文本的特征，然后通过全连接层进行文本分类或情感分析。

（3）视频分析。卷积神经网络可用于视频分类、动作识别和目标跟踪等任务。通过对视频中的每一帧应用卷积和池化操作，然后将特征序列输入到循环神经网络（RNN）中，从而捕捉到视频的时序信息。

（4）医疗影像诊断。卷积神经网络可用于 X 射线、CT（电子计算机断层扫描）和 MRI（磁共振成像）等图像的自动分析和诊断，帮助医生检测肿瘤、病变等。

▲深度学习与机器学习的差别

（5）自动驾驶。在自动驾驶领域，卷积神经网络可用于目标检测、车道检测和红绿灯识别等任务。通过对车载摄像头图像进行卷积和池化操作，卷积神经网络可以快速而准确地检测出道路上的物体，从而实现自动驾驶。

（6）人脸识别和人脸表情分析。卷积神经网络通过对输入的人脸图像进行卷积和池化操作，可以捕捉到人脸的关键特征，并用于人脸识别和人脸表情分析。

8.5 人工智能的工作流程

人工智能的工作流程可以简单地概括为如图 8-9 所示的几个步骤。

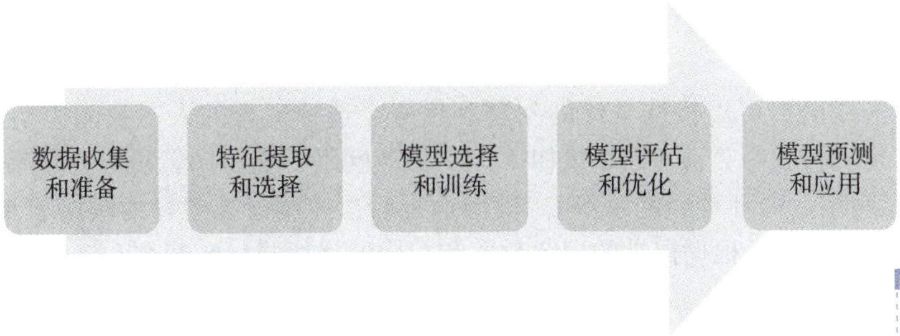

图 8-9　人工智能的工作流程

▲数据分析

8.5.1　数据收集和准备

人工智能需要大量的数据供模型学习和训练。这一步骤涉及收集相关数据，并对其进行清洗、整理和标注，以确保数据的质量和一致性。

收集的数据可以来自不同的渠道，如数据库、传感器、网络爬虫或用户输入等。随着应用场景的不同，数据的形式多种多样，可以是结构化数据（如数据库、表格等数据）或非结构化数据（如文本、图像、音频、视频等）。

收集到的原始数据往往包含噪声、错误、缺失值等，需要进行数据清洗。数据清洗的目的是消除数据中的错误和噪声，使其符合数据的质量标准。

数据收集和准备是人工智能的工作流程中的关键步骤，对模型的性能和准确性有重要影响。仔细和精心地进行数据收集和准备可以确保模型能够从高质量的、丰富的数据中进行学习，并做出准确的预测和决策。

8.5.2　特征提取和选择

特征提取和选择是从收集到的数据中提取出对问题或任务有用的特征。选择恰当的特征对人工智能模型的性能至关重要。

特征提取是从原始数据中生成新的、更有表达力的特征的过程。在不同的应用领域，可以有不同的特征提取方法。例如，在图像处理中，可以使用颜色特征、形状特征、纹理特征、边缘检测、颜色直方图、频率域特征等特征提取方法；在自然语言处理中，可以使用词袋模型、TF-IDF（词频 - 逆文档频率）向量化等方法进行特征提取。特征提取的方法因应用而异，涉及统计特征、图像纹理特征、语义特征等。

特征选择是从大量特征中选择最相关和最有用的特征子集的过程。特征选择有助于提高模型的性能和泛化能力，同时减少模型的复杂度和计算开销。

特征提取和选择的目标是提取和选择最相关和最有信息量的特征，以帮助模型更好地学习数据中的模式和规律，从而帮助提高模型的预测能力、泛化能力和效率。

8.5.3　模型选择和训练

模型选择和训练是选择适当的人工智能模型或算法，并使用已准备好的数据对其进行训练。通过训练，模型会自动调整其内部参数，以最大限度地准确预测或执行所需的任务。

在实际应用时，可以根据具体的问题和任务，选择适合的人工智能模型或算法。这些模型可以是机器学习算法（如决策树、人工神经网络、支持向量机等）或深度学习模型（如卷积神经网络、循环神经网络等）。模型选定后，使用已准备好的数据集来训练模型。在模型的训练过程中，根据提供的训练数据和相应的目标或标签调整和优化模型的参数。

8.5.4 模型评估和优化

在模型训练完成后，需要对其进行评估。使用测试数据集对模型进行测试，以评估模型的性能和准确度。如果模型表现不佳，则需要对模型进行调整和优化，如调整模型的参数或选择其他算法。

8.5.5 模型预测和应用

在模型训练和评估完成后，可以将模型应用于实际的数据和问题中。通过输入新的数据，模型可以做出预测、分类、推荐等。

8.6 人工智能的应用

人工智能技术正在广泛渗透到各个领域，并推动着社会的数字化和智能化转型。人工智能的一些主要应用领域如下。

（1）自然语言处理。人工智能可用于完成语音识别、文本分析、机器翻译和语义理解等任务，为人们提供更自然的、智能化的交互体验。

（2）图像和视觉识别。人工智能可用于完成图像分类、目标检测、人脸识别和图像生成等任务，广泛应用于安防、医疗影像分析和虚拟现实等领域。

（3）自动驾驶。人工智能在自动驾驶领域有重要应用，在感知、决策和控制等方面可以帮助车辆实现自主导航和安全驾驶。

（4）金融和风险管理。人工智能可用于预测市场走势、风险评估、欺诈检测和自动化交易等任务中，以提高金融机构的决策能力和安全性。

（5）医疗保健。人工智能可用于医学图像分析、疾病诊断、药物研发和个性化治疗等方面，辅助医生做出更准确的诊断和治疗方案。

（6）客服和机器人。人工智能可用于自动客服系统和智能机器人，通过自然语言理解和交互技术，为用户提供个性化、快速的服务。

（7）教育和培训。人工智能可用于个性化教育和在线学习平台，根据学习者的特点和需求，提供智能化的学习推荐和辅助教学。

（8）生产和物流。人工智能可用于生产流程优化、智能制造和物流调度等方面，以提高生产效率和物流运营的效益。

▲人工智能的应用

习　题　8

1. 单选题

（1）用于构建模型的训练数据集中的每个样本都有一个已知的输出项（标签 / 类别），这种人工智能方法属于________。

A．监督学习　　　B．非监督学习　　　C．半监督学习　　　D．强化学习

（2）AlphaGo 采用的算法属于________。

A．监督学习　　　B．非监督学习　　　C．半监督学习　　　D．强化学习

2. 简述题

（1）什么是人工智能？

（2）机器学习和深度学习有什么区别？

（3）人工智能有哪些主要的应用领域？

（4）在机器学习中，监督学习和无监督学习有什么区别？

（5）人工智能的发展对社会和经济有什么影响？

▲习题参考答案

▲大模型　　▲生成式人工智能　　▲智能体

第 9 章 人工智能第三方库

9.1 人工智能第三方库的功能

人工智能第三方库是由开发者提供的软件包，用于简化和加速人工智能算法的开发和实现。这些库通常提供了一系列的工具、函数和模型，用于完成数据处理、模型构建、训练和部署等任务。

人工智能第三方库的一些主要功能和常见用法如下。

1. 数据处理

库中通常提供了各种函数和工具，用于进行数据的预处理、清洗、转换和标准化等操作。例如，可以使用库提供的函数进行数据的缺失值处理、异常值处理、特征缩放、编码转换等操作。

2. 特征提取和选择

特征提取和选择是人工智能的重要环节之一，用于从原始数据中提取有用的特征。库中通常提供了各种特征提取、特征选择、降维和转换的方法，如主成分分析、线性判别分析和文本向量化等。

3. 模型构建

库中提供了多种常用的算法和模型，这些模型可以用于分类、回归、聚类、推荐等任务。常见的模型包括决策树、支持向量机、人工神经网络、深度学习模型等。

4. 模型训练和调优

库中提供了用于模型训练和调优的函数和工具，这些函数和工具可以帮助开发者定义训练的损失函数、选择优化算法，并进行模型参数的调优和验证。

5. 模型评估

库中提供了多种用于模型评估的函数和工具，用于评估模型的性能和准确度。通过使用这些函数和工具，可以计算模型的准确率、精确率、召回率、F1 值（模型的准确率和召回率的调和平均数）等指标，并绘制 ROC（受试者操作特征）曲线和学习曲线等。

6. 模型部署和应用

库中提供了模型部署和应用的功能，如 API（应用程序接口）、模型导入和导出、模型服务化等，以便将训练好的模型部署到生产环境中进行实际应用。

7. 可解释性和解释性

近年来，越来越多的库开始关注模型的可解释性和解释性。一些库中提供了解释模型预测的功能，帮助开发者理解模型的决策过程和结果。

8. 可视化和调试

部分库提供了数据可视化工具和调试功能，可以对数据和模型进行可视化分析，帮助开发者更好地理解模型和进行调试。

综上所述，人工智能第三方库通过提供丰富的工具、函数和模型，为开发者提供了便捷的人工智能实现环境，使开发者可以更快速且高效地构建、训练和评估自己的人工智能模型。

表 9-1 和表 9-2 分别列出了国外和国内一些常用的人工智能第三方库。

表 9-1　国外常用的人工智能第三方库

第三方库名称	简　介
TensorFlow	Google 开发的开源深度学习框架，支持构建和训练各种深度神经网络模型
PyTorch	Facebook 开发的深度学习框架，具有动态图计算的功能，易于使用和调试
Theano	一个用于数值计算和深度学习的库，可以高效地运行在 GPU 上
Keras	一个高级神经网络 API，可以运行在 TensorFlow、Theano 和 CNTK（微软认知工具集）等后端上，简化了模型构建和训练的过程
Scikit-learn	一个用于机器学习任务的 Python 库，提供了许多经典的算法和模型，包括分类、回归、聚类和降维等
OpenCV	一个广泛应用于计算机视觉任务的开源计算机视觉库，提供了各种图像处理和计算机视觉算法
NLTK	一个自然语言处理工具包，提供了许多文本处理和分析的函数和模型，包括分词、词性标注、命名实体识别等
Gensim	一个简单、高效的自然语言处理 Python 库，用于文档的语义主题建模和文本相似度计算，支持使用 Word2Vec、Doc2Vec 和 LDA 等算法
Caffe	一个高效的深度学习框架，专注于计算机视觉和图像处理任务
MXNet	一个自动求导的深度学习框架，以高效性和灵活性著称，支持分布式训练和部署

表 9-2　国内优秀的人工智能第三方库

第三方库名称	简　介
PaddlePaddle（飞桨）	由百度开发的深度学习框架，是国内首个自主研发、功能丰富、开源开放的产业级深度学习平台，支持灵活的动态图和高效的静态图计算，具有可扩展性
MindSpore（昇思）	由华为开发的全场景 AI 开发框架，支持动态图和静态图计算，具有高效性和易用性
Alibaba PAI（智能计算平台）	由阿里巴巴推出的机器学习平台，提供了一系列机器学习工具和库，广泛支持大规模数据处理和训练，具有智能化程度高、安全性强的特点
EasyTransfer（简单迁移）	由阿里巴巴发布的一个基于 TensorFlow 的自动化深度学习平台。它提供了一套高度可配置的模型模板和工作流程，帮助开发者快速构建和部署深度学习模型，解决了深度学习技术应用的一些瓶颈问题
MegEngine（旷视天元）	由旷视自主研发的国产工业级深度学习框架，是旷视新一代 AI 生产力平台 Brain++ 的核心组件

无论是国内还是国外的人工智能第三方库，都具有强大的功能和广泛的应用，是开发人员进行人工智能算法实现的重要工具。在开发时，可根据系统需求和个人喜好来选择使用第三方库。

9.2 Scikit-learn

▲ NumPy　▲ Pandas

Scikit-learn（简称 Sklearn）自带了大量的数据集，提供了广泛的机器学习算法和工具，是一个常用的 Python 机器学习库，可以帮助开发者实现各种机器学习算法和任务。其优势在于简单易用、文档丰富、社区活跃，因此 Sklearn 被广泛应用于学术界和工业界。无论是机器学习初学者还是专业开发者，都可以从 Sklearn 中受益，并加速开发和实现机器学习模型。

Sklearn 的安装非常简单，在 Anaconda Prompt 中输入如下安装命令即可：

```
pip install scikit-learn
```

完成安装后，用 import 命令导入 Sklearn 即可使用它，导入方法如下：

```
import sklearn
```

Sklearn 库的主要功能结构图如图 9-1 所示。

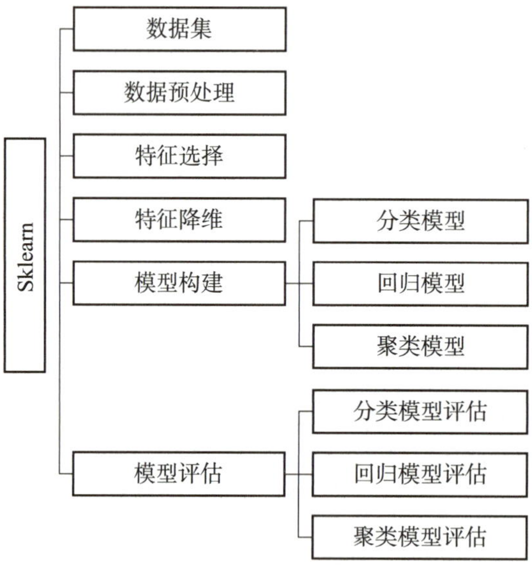

图 9-1　Sklearn 库的主要功能结构图

9.2.1 Sklearn 数据集

1. Sklearn 模型的数据类型

Sklearn 模型使用的数据类型通常包含以下几种。

（1）NumPy 数组。Sklearn 模型可以接收 NumPy 数组作为输入，其中每行代表一个样本，每列代表一个特征。

（2）Pandas 数据框。Sklearn 模型可以接收 Pandas 库的 DataFrame 对象作为输入，其中每行代表一个样本，每列代表一个特征。

（3）SciPy 稀疏矩阵。Sklearn 模型可以接收 SciPy 库的稀疏矩阵作为输入，特别适用于处理高维稀疏数据。

（4）Python 的内置数据类型。某些 Sklearn 模型也可以接收 Python 的内置数据类型，如将列表和元组作为输入。

2. Sklearn 自带的标准数据集

Sklearn 提供了一些自带的标准数据集，供用户使用和练习机器学习算法。常用的 Sklearn 数据集如图 9-2 所示。

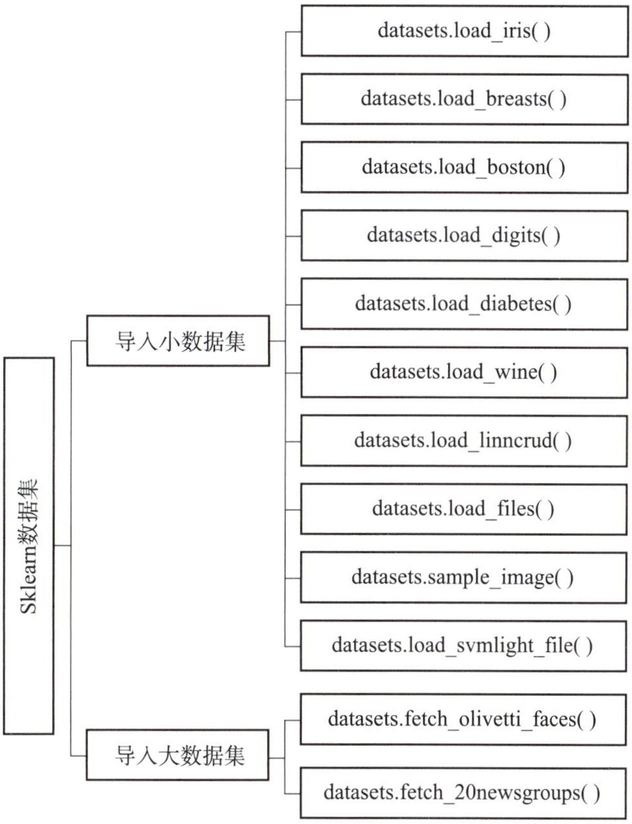

图 9-2　常用的 Sklearn 数据集

Sklearn 中自带的数据集可以通过 sklearn.datasets 模块来访问。

使用数据集前，首先要导入数据集，导入语句如下：

```
from sklearn import datasets
```

以下是 Sklearn 自带的一些常用的数据集。

1）鸢尾花数据集

鸢尾花数据集（iris dataset）由英国统计学家和生物学家罗纳德·费希尔（Ronald Fisher）于 1936 年创建，广泛适用于分类问题的初学者和研究者。

鸢尾花数据集包括山鸢尾（iris setosa）、变色鸢尾（iris versicolor）、维吉尼亚鸢尾（iris

virginica）3 个不同品种的测量数据，每个品种包含 50 个样本，共有 150 个样本。每个样本具有 4 个特征：花萼长度（sepal length）、花萼宽度（sepal width）、花瓣长度（petal length）和花瓣宽度（petal width）。

鸢尾花数据集的目标是通过这 4 个特征对不同品种的鸢尾花进行分类。

使用 Sklearn 导入鸢尾花数据集，具体了解一下该数据集。

例 9-1　查看鸢尾花数据集。

```
from sklearn.datasets import load_iris
import pandas as pd

# 加载鸢尾花数据集
iris = load_iris()

# 提取特征数据和目标变量
X = iris.data
y = iris.target

# 将特征数据和目标变量转换为 Pandas 库的 DataFrame 对象
df = pd.DataFrame(X,columns=iris.feature_names)
df['target'] = y

# 查看数据集
df
```

运行程序，显示的鸢尾花数据集如图 9-3 所示。

	sepal length (cm)	sepal width (cm)	petal length (cm)	petal width (cm)	target
0	5.1	3.5	1.4	0.2	0
1	4.9	3.0	1.4	0.2	0
2	4.7	3.2	1.3	0.2	0
3	4.6	3.1	1.5	0.2	0
4	5.0	3.6	1.4	0.2	0
...	...	...	...	...	...
145	6.7	3.0	5.2	2.3	2
146	6.3	2.5	5.0	1.9	2
147	6.5	3.0	5.2	2.0	2
148	6.2	3.4	5.4	2.3	2
149	5.9	3.0	5.1	1.8	2

150 rows × 5 columns

图 9-3　鸢尾花数据集

以上程序通过 load_iris( ) 函数加载鸢尾花数据集，数据集加载后，变量 iris 包含 data、target、target_names、DESCR、feature_names、filename 六项数据。其中，data 存储

鸢尾花样本的特征，是一个 150 行 4 列的数组，其中每行是一个鸢尾花样本，每列为一个特征。target 存放了 data 中每个样本对应的类别标签。由于数据集来自 setosa、versicolor、virginica 三个品种的鸢尾花，而 target 存储 150 个样本的类别编号，编号为 0、1、2，分别对应 setosa、versicolor、virginica 三个品种。

在采用人工智能方法建立模型对鸢尾花进行分类时，需要提供 data 和 target 这两项数据。因此，程序将这两项数据分别保存为特征数据 X 和目标变量 y，并将数据转化为 DataFrame 格式，可以更轻松地显示数据。

2）乳腺癌数据集

乳腺癌数据集（breast cancer dataset）是一个常用的机器学习数据集，用于乳腺癌预测任务。该数据集包含乳腺肿瘤的临床测量指标、细胞核特征以及诊断结果等信息，共有 569 个样本，每个样本有 30 个特征，包括肿瘤大小、形状等信息，并分为恶性（malignant）和良性（benign）两类乳腺肿瘤。乳腺癌数据集可以帮助构建模型来预测乳腺肿瘤的类别，帮助医生进行初步诊断。

使用 Sklearn 导入乳腺癌数据集，具体了解一下该数据集。

例 9-2 查看乳腺癌数据集。

```
from sklearn.datasets import load_breast_cancer
import pandas as pd

# 加载乳腺癌数据集
breast_cancer = load_breast_cancer()

# 提取特征数据和目标变量
X = breast_cancer.data
y = breast_cancer.target

# 将特征数据和目标变量转换为 Pandas 库的 DataFrame 对象
df = pd.DataFrame(X, columns=breast_cancer.feature_names)
df['target'] = y

# 查看数据集
df
```

以上程序通过使用 load_breast_cancer( ) 函数加载乳腺癌数据集，以进一步进行数据分析、机器学习和模型训练等操作。

breast_cancer 数据集是一个字典形式的数据对象，包含以下属性。

（1）data：特征数据，每行代表一个样本，每列代表一个特征。

（2）target：用于分类的目标变量，即乳腺癌的诊断结果，0 代表恶性，1 代表良性。

（3）feature_names：特征的名称列表。

（4）target_names：目标变量的名称列表，即 [malignant,benign]。

（5）DESCR：数据集的描述信息。

运行程序，显示的乳腺癌数据集如图 9–4 所示。

	mean radius	mean texture	mean perimeter	mean area	mean smoothness	mean compactness	mean concavity	mean concave points	mean symmetry	mean fractal dimension	...	worst texture	worst perimeter	worst area	worst smoothness	com
0	17.99	10.38	122.80	1001.0	0.11840	0.27760	0.30010	0.14710	0.2419	0.07871	...	17.33	184.60	2019.0	0.16220	
1	20.57	17.77	132.90	1326.0	0.08474	0.07864	0.08690	0.07017	0.1812	0.05667	...	23.41	158.80	1956.0	0.12380	
2	19.69	21.25	130.00	1203.0	0.10960	0.15990	0.19740	0.12790	0.2069	0.05999	...	25.53	152.50	1709.0	0.14440	
3	11.42	20.38	77.58	386.1	0.14250	0.28390	0.24140	0.10520	0.2597	0.09744	...	26.50	98.87	567.7	0.20980	
4	20.29	14.34	135.10	1297.0	0.10030	0.13280	0.19800	0.10430	0.1809	0.05883	...	16.67	152.20	1575.0	0.13740	
...	...	...	...	...	...	...	...	...	...	...	...	...	...	...	...	
564	21.56	22.39	142.00	1479.0	0.11100	0.11590	0.24390	0.13890	0.1726	0.05623	...	26.40	166.10	2027.0	0.14100	
565	20.13	28.25	131.20	1261.0	0.09780	0.10340	0.14400	0.09791	0.1752	0.05533	...	38.25	155.00	1731.0	0.11660	
566	16.60	28.08	108.30	858.1	0.08455	0.10230	0.09251	0.05302	0.1590	0.05648	...	34.12	126.70	1124.0	0.11390	
567	20.60	29.33	140.10	1265.0	0.11780	0.27700	0.35140	0.15200	0.2397	0.07016	...	39.42	184.60	1821.0	0.16500	
568	7.76	24.54	47.92	181.0	0.05263	0.04362	0.00000	0.00000	0.1587	0.05884	...	30.37	59.16	268.6	0.08996	

569 rows × 31 columns

图 9–4　乳腺癌数据集

乳腺癌数据库收集了 30 个特征，鉴于显示宽度限制，图 9–4 只显示了其中的部分特征。学习过程中，可以通过运行代码来查看所有数据状况。

3）糖尿病数据集

糖尿病数据集（diabetes dataset）是一个常用的机器学习数据集，用于糖尿病进展预测任务。该数据集包含 442 个糖尿病患者的生化特征数据。该数据集共有 10 个特征，包括年龄、性别、体质指数、血压等生化特征。目标变量为 1 个数值，代表每个糖尿病患者 1 年后疾病进展的测量结果。

使用 Sklearn 导入糖尿病数据集，具体了解一下该数据集。

例 9–3　查看糖尿病数据集。

```
from sklearn.datasets import load_diabetes
import pandas as pd

# 加载糖尿病数据集
diabetes = load_diabetes()

# 提取特征数据和目标变量
X = diabetes.data
y = diabetes.target

# 将特征数据和目标变量转换为 Pandas 库的 DataFrame 对象
df = pd.DataFrame(X, columns=diabetes.feature_names)
df['target'] = y

# 查看数据集
df
```

程序使用 load_diabetes( ) 函数加载糖尿病数据集，用于数据分析、机器学习和模型训练等任务。糖尿病数据集通过 load_diabetes( ) 函数加载后，得到一个字典形式的数据对象，包含以下属性。

（1）data：特征数据，每行代表一个样本，每列代表一个特征。

（2）target：用于回归的目标变量，即糖尿病的定量测量指标。

（3）feature_names：特征的名称列表。

（4）target_names；目标变量的名称列表。

（5）DESCR：数据集的描述信息。

运行程序，显示的糖尿病数据集如图 9-5 所示。

	age	sex	bmi	bp	s1	s2	s3	s4	s5	s6	target
0	0.038076	0.050680	0.061696	0.021872	-0.044223	-0.034821	-0.043401	-0.002592	0.019908	-0.017646	151.0
1	-0.001882	-0.044642	-0.051474	-0.026328	-0.008449	-0.019163	0.074412	-0.039493	-0.068330	-0.092204	75.0
2	0.085299	0.050680	0.044451	-0.005671	-0.045599	-0.034194	-0.032356	-0.002592	0.002864	-0.025930	141.0
3	-0.089063	-0.044642	-0.011595	-0.036656	0.012191	0.024991	-0.036038	0.034309	0.022692	-0.009362	206.0
4	0.005383	-0.044642	-0.036385	0.021872	0.003935	0.015596	0.008142	-0.002592	-0.031991	-0.046641	135.0
...	...	...	...	...	...	...	...	...	...	...	...
437	0.041708	0.050680	0.019662	0.059744	-0.005697	-0.002566	-0.028674	-0.002592	0.031193	0.007207	178.0
438	-0.005515	0.050680	-0.015906	-0.067642	0.049341	0.079165	-0.028674	0.034309	-0.018118	0.044485	104.0
439	0.041708	0.050680	-0.015906	0.017282	-0.037344	-0.013840	-0.024993	-0.011080	-0.046879	0.015491	132.0
440	-0.045472	-0.044642	0.039062	0.001215	0.016318	0.015283	-0.028674	0.026560	0.044528	-0.025930	220.0
441	-0.045472	-0.044642	-0.073030	-0.081414	0.083740	0.027809	0.173816	-0.039493	-0.004220	0.003064	57.0

442 rows × 11 columns

图 9-5　糖尿病数据集

4）手写数字数据集

手写数字数据集（digits dataset）是一个常用的机器学习数据集，用于手写数字识别任务。该数据集包含 1 797 个手写数字的灰度图像，每个图像由 8 像素 ×8 像素的矩阵表示。

每个灰度图像都被展平成一个 64 维的特征向量，并用于训练机器学习模型，以预测对应的手写数字标签。

使用 Sklearn 导入手写数字数据集，并显示该数据集中前 10 张图像。

例 9-4　手写数字数据集的读入和显示。

```
import matplotlib.pyplot as plt
from sklearn.datasets import load_digits

# 加载手写数字数据集
digits = load_digits()

# 提取特征数据和目标变量
X = digits.data
y = digits.target
```

```
# 显示前 10 张手写数字图像
fig,axes = plt.subplots(2, 5, figsize=(10, 4))

for i,ax in enumerate(axes.flat):
    ax.imshow(X[i].reshape(8, 8), cmap='gray')
    ax.set_title(f"Label: {y[i]}")

plt.tight_layout()
plt.show()
```

程序使用 load_digits( ) 函数加载手写数字数据集，用于数据分析、图像处理和模型训练等任务。手写数字数据集通过 load_digits( ) 函数加载后，得到一个字典形式的数据对象，包含以下属性。

（1）data：图像特征数据，每行代表一个样本的像素值，每列代表一个像素位置。

（2）target：对应的目标变量，即真实的手写数字标签。

（3）images：图像数据，通过像素值重新排列后形成的二维矩阵。

（4）target_names：目标变量（数字标签）的名称列表。

（5）DESCR：数据集的描述信息。

运行程序，手写数字数据集中前 10 张图像的显示结果如图 9-6 所示。

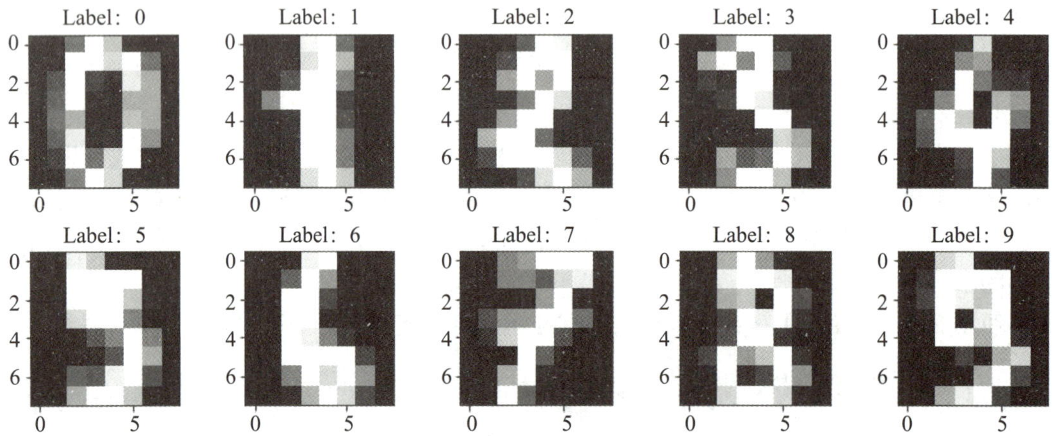

图 9-6　手写数字数据集中前 10 张图像的显示结果

5）Olivetti Faces（人脸）数据集

Olivetti Faces 数据集是一个常用的机器学习数据集，用于人脸识别和人脸相关任务。该数据集包含 40 个人的人脸图像，每个人有 10 张不同的表情图像。

每张图像的大小为 64 像素 ×64 像素，为黑白图像。每张图像都可以由一个特征向量表示，用于训练机器学习模型，以完成人脸识别等任务。

使用 Sklearn 读入 Olivetti Faces 数据集，并显示该数据集的相关信息。其中 fetch_olivetti_faces( ) 是 Python 中的一个函数，用于加载 Olivetti Faces 数据集。

例 9-5　读入和显示 Olivetti Faces 数据集。

```
from sklearn.datasets import fetch_olivetti_faces
# 加载 Olivetti Faces 数据集
dataset = fetch_olivetti_faces()
# 获取数据
data = dataset.data                    # 包含人脸图像的二维数组
images = dataset.images                # 包含人脸图像的三维数组
target = dataset.target                # 包含人脸对应的标签
# 打印数据样本数量和图像尺寸
print("数据样本数量:",data.shape[0])
print("图像尺寸:",images.shape[1::])
# 打印类别数量
num_classes = len(set(target))
print("类别数量 :",num_classes)
```

程序运行结果如下：

```
数据样本数量: 400
图像尺寸: (64,64)
类别数量: 40
```

在例 9-5 的程序中，fetch_olivetti_faces( ) 函数会下载 Olivetti Faces 数据集并将其存储在本地计算机。之后使用 dataset.data 和 dataset.images 分别获取人脸图像数据的二维数组和三维数组，使用 dataset.target 获取人脸对应的标签，使用 data.shape[0] 获取数据样本的数量，使用 images.shape[1 ::] 获取图像尺寸。

3. Sklearn 生成数据集的方法

在 Sklearn 中有多种用于生成数据集的方法，可以生成分类数据、回归数据、聚类数据等，帮助用户进行机器学习模型的训练和评估。

1 ）生成分类数据集

利用 make_classification( ) 方法，可以根据样本数量、特征数量、类别数量等参数生成分类数据集。

以下是生成一个具有 2 个特征、2 个类别、200 个样本的二分类数据集的示例。

例 9-6　生成分类数据集。

```
import matplotlib.pyplot as plt
from sklearn.datasets import make_classification


# 生成一个二分类数据集
X,y = make_classification(
    n_samples=200,                     # 样本数量
```

```
        n_features=2,                    # 特征数量
        n_informative=2,                 # 有信息特征数量
        n_redundant=0,                   # 冗余特征数量
        n_clusters_per_class=1,          # 每个类别的簇数量
        random_state=42                  # 随机数种子，保证每次生成的数据一致
    )
    # 可视化数据集
    plt.scatter(X[:,0],X[:,1],c=y)
    plt.xlabel('Feature 1')
    plt.ylabel('Feature 2')
    plt.title('Generated Classification Dataset')

    plt.show()
```

在例 9-6 的程序中，使用 make_classification( ) 方法生成一个二分类数据集。设置样本数量为 200，特征数量为 2，有信息特征数量为 2，冗余特征数量为 0，每个类别只有 1 个簇。通过设置随机数种子为 42，确保每次生成的数据一致。运行程序，生成的二分类数据集如图 9-7 所示。

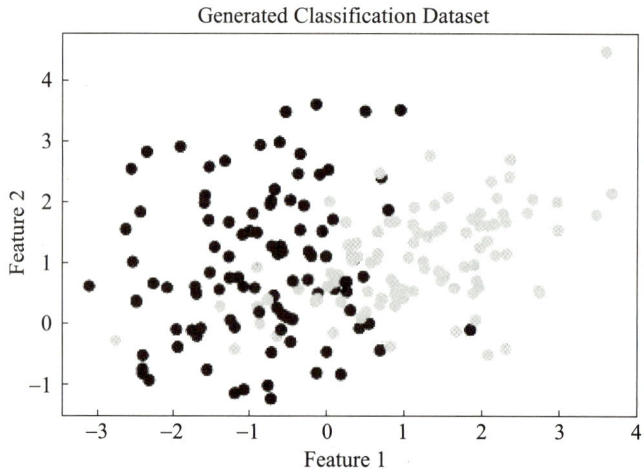

图 9-7　生成的二分类数据集

2）生成回归数据集

利用 make_regression( ) 方法，可以根据指定的样本数量、特征数量、相关性等参数生成回归数据集。

以下是生成一个具有 1 个特征、1 个目标变量、100 个样本的回归数据集的示例。

例 9-7　生成回归数据集。

```
    import matplotlib.pyplot as plt
    from sklearn.datasets import make_regression
```

```
# 生成回归数据集
X, y = make_regression(n_samples=100,n_features=1,noise=20)

# 绘制回归数据集
plt.scatter(X,y,color='blue',label='Regression Data')
plt.xlabel('X')
plt.ylabel('y')
plt.title('Generated Regression Dataset')
plt.legend()
plt.show()
```

运行程序，生成的回归数据集如图 9-8 所示。

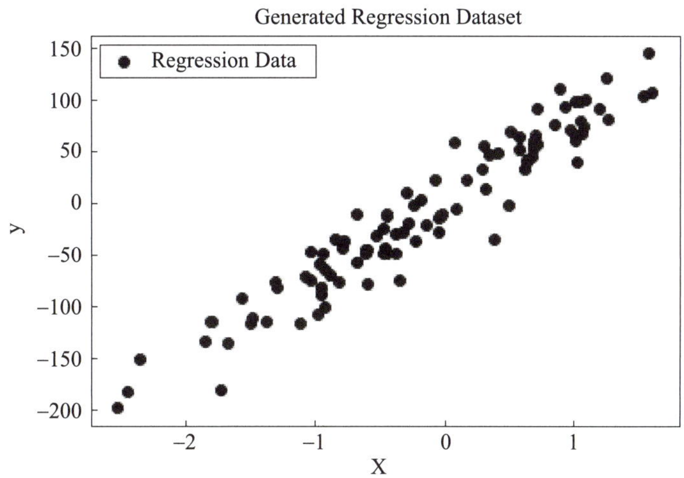

图 9-8　生成的回归数据集

3）生成聚类数据集

利用 make_blobs( ) 方法可以生成聚类数据集，该方法可以根据指定的样本数量、特征数量、聚类中心数量等参数生成数据集。

生成一个具有 2 个特征、3 个聚类中心、200 个样本的聚类数据集的示例如下。

例 9-8　生成聚类数据集。

```
import matplotlib.pyplot as plt
from sklearn.datasets import make_blobs

# 生成聚类数据集
X,y = make_blobs(n_samples=200,n_features=2,centers=3,random_state=
42)

# 绘制聚类数据集
plt.scatter(X[:,0],X[:,1],c=y,cmap='viridis')
```

```
plt.xlabel('Feature 1')
plt.ylabel('Feature 2')
plt.title('Generated Clustering Dataset')
plt.show()
```

运行程序，生成的聚类数据集如图 9-9 所示。

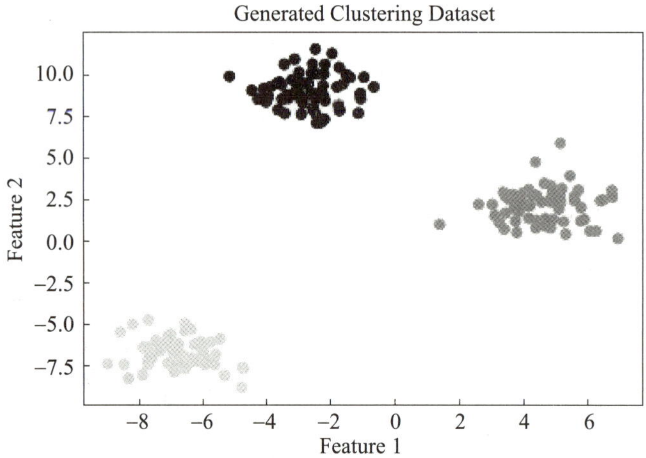

图 9-9　生成的聚类数据集

9.2.2　数据预处理

Sklearn 的预处理（preprocessing）模块提供了一组用于数据预处理和数据转换的工具，用于准备数据以供机器学习算法使用，从而提高模型的性能和准确性。数据预处理工具包括缺失值处理、异常值处理、数据标准化、数据缩放、数据编码等方法。常用的数据预处理方法如表 9-3 所示。

表 9-3　常用的数据预处理方法

预处理方法	功　能
StandardScaler()	将数据标准化为 0 均值、单位方差的数据
MaxAbsScaler()	最大绝对值标准化
MinMaxScaler()	最小最大标准化
RobustScaler()	鲁棒标准化
Normalizer()	正则化
OrdinalEncoder()	类别特征编码
OneHotEncoder()	独热编码
KBinsDiscretizer()	特征离散化
Binarizer()	特征二值化

续表

预处理方法	功　能
SimpleImputer( )	缺失数据处理
IterativeImputer( )	多特征缺失数据补充

使用预处理方法之前，首先要导入预处理模块，导入方法如下：

```
from sklearn import preprocessing
```

以下是 Sklearn 预处理模块中一些常用的方法和示例。

1. StandardScaler( ) 方法

StandardScaler( ) 方法用于将特征按照标准正态分布进行标准化处理，标准化后数据均值为 0，方差为 1。

2. MinMaxScaler( ) 方法

MinMaxScaler( ) 方法用于将特征缩放到一定范围内，通常是 [0,1] 或者 [-1,1]。

分别利用 StandardScaler( ) 和 MinMaxScaler( ) 方法对数据进行标准化的示例如下。

例 9-9 数据标准化。

```
import matplotlib.pyplot as plt
from sklearn.datasets import make_blobs
from sklearn.preprocessing import StandardScaler,MinMaxScaler

# 生成一个二分类数据集
X,y = make_blobs(
    n_samples=200,      # 样本数量
    n_features=2,       # 特征数量
    centers=2,          # 类别数量
    random_state=42     # 随机数种子，保证每次生成的数据一致
)

# 创建 StandardScaler 和 MinMaxScaler 对象
scaler = StandardScaler()
minmax_scaler = MinMaxScaler()

# 对数据进行标准化
X_scaled = scaler.fit_transform(X)
X_minmax_scaled = minmax_scaler.fit_transform(X)

# 可视化原始数据
plt.figure(figsize=(12,4))
```

```
plt.subplot(1,3,1)
plt.scatter(X[:,0],X[:,1],c=y,cmap='bwr')
plt.xlabel('Feature 1')
plt.ylabel('Feature 2')
plt.title('Raw Data')

# 可视化标准化后的数据 (StandardScaler)
plt.subplot(1,3,2)
plt.scatter(X_scaled[:,0],X_scaled[:,1],c=y,cmap='bwr')
plt.xlabel('Feature 1(StandardScaler)')
plt.ylabel('Feature 2(StandardScaler)')
plt.title('StandardScaler')

# 可视化标准化后的数据 (MinMaxScaler)
plt.subplot(1,3,3)
plt.scatter(X_minmax_scaled[:,0],X_minmax_scaled[:,1],c=y,cmap='bwr')
plt.xlabel('Feature 1(MinMaxScaler)')
plt.ylabel('Feature 2(MinMaxScaler)')
plt.title('MinMaxScaler')
plt.tight_layout()
plt.show()
```

在例 9-9 的程序中，通过 make_blobs( ) 方法生成了一个具有 2 个特征的二分类数据集。然后分别采用 StandardScaler( ) 和 MinMaxScaler( ) 方法对数据进行标准化处理。运行程序，即可生成一个包含数据集原始数据和标准化数据的可视化图形，如图 9-10 所示。

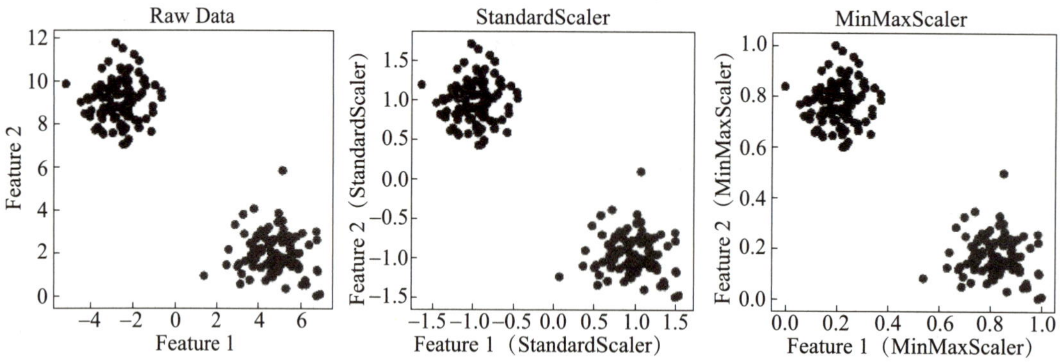

图 9-10　包含数据集原始数据与标准化数据的可视化图形

从图 9-10 的运行结果可以看出：

（1）原始数据的特征在不同范围内，没有经过标准化处理，因此在散点图中不同特征的分布可能会有较大差异。

（2）使用 StandardScaler( ) 方法进行标准化处理后，数据的特征均值变为 0，方差变为 1，数据分布集中在原点附近。

（3）使用 MinMaxScaler( ) 方法进行标准化处理后，数据的特征范围变为 [0,1]，数据在特征范围内均匀分布。

3. OneHotEncoder( ) 方法

OneHotEncoder( ) 方法用于将分类变量进行独热编码，将每个类别转换为一个二进制向量。

例 9-10　独热编码示例。

```
import numpy as np
from sklearn.preprocessing import OneHotEncoder

# 原始数据
categories = np.array(['A','B','C','A','B','C'])

# 创建 OneHotEncoder 对象
encoder = OneHotEncoder()

# 对分类变量进行独热编码
categories_encoded = encoder.fit_transform(categories.reshape(-1, 1)).
toarray()

# 查看编码后的特征名称
feature_names = encoder.get_feature_names_out(['category'])
print("独热编码:\n 特征名称:",feature_names)

# 查看标签与编码的映射关系
print("\n 标签与编码的映射关系:\n",dict(zip(categories,categories_encoded)))

# 显示独热编码后的数据
print("\n 独热编码后的数据:\n",categories_encoded)
```

程序运行结果如下：

```
独热编码:
特征名称: ['category_A''category_B''category_C']

标签与编码的映射关系:
{'A':array([1.,0.,0.]),'B':array([0.,1.,0.]),'C':array([0.,0.,1.])}
独热编码后的数据:
[[1.0.0.]
```

```
 [0.1.0.]
 [0.0.1.]
 [1.0.0.]
 [0.1.0.]
 [0.0.1.]]
```

4. LabelEncoder( ) 方法

LabelEncoder( ) 方法是 Sklearn 中用于将目标变量或标签进行整数编码的预处理工具。它将不同的类别标签映射为 0 ～ n_classes-1 之间的整数值。

例 9-11 整数编码示例。

```
import numpy as np
from sklearn.preprocessing import LabelEncoder

# 原始标签数据
labels = np.array(['cat','dog','dog','cat','dog'])

# 创建 LabelEncoder 对象
encoder = LabelEncoder()

# 对标签进行整数编码
labels_encoded = encoder.fit_transform(labels)

# 显示编码后的数据
print("编码后的数据:",labels_encoded)

# 查看标签与编码的映射关系
print("标签与编码的映射关系:",dict(zip(labels,labels_encoded)))
```

程序运行结果如下：

```
编码后的数据: [0 1 1 0 1]
标签与编码的映射关系: {'cat':0,'dog':1}
```

9.2.3 特征提取与选择

1. 特征提取

Sklearn 提供了多种特征提取方法，可以将原始数据转换为可用于机器学习算法的特征表示。常见的特征提取方法包括如下几种。

（1）文本特征提取，如词袋模型、TF-IDF 等。

（2）图像特征提取，如颜色直方图、梯度直方图、纹理特征等。

（3）数值特征提取，如多项式特征、傅里叶变换等。

假设有一组文本数据，每个文本表示一篇文章。可以使用 Sklearn 的 CountVectorizer( ) 方法将文本转换为词袋模型的特征表示。

例 9-12 文本特征提取。

```
from sklearn.feature_extraction.text import CountVectorizer
# 定义一个包含三个文本的列表作为语料库
corpus = ['This is the first document.','This document is the second document.',
'And this is the third one.']
# 创建一个 CountVectorizer 对象，用于实例化特征提取器
vectorizer = CountVectorizer()
# 使用 fit_transform() 方法将语料库中的文本数据转换为特征矩阵
X = vectorizer.fit_transform(corpus)
print(X.toarray())
```

例 9-12 中使用 CountVectorizer( ) 方法进行文本特征提取，fit_transform( ) 方法会对文本数据进行词频统计，并将每个文本转化为一个向量。

程序运行结果如下：

```
[[0 1 1 1 0 0 1 0 1]
 [0 2 0 1 0 1 1 0 1]
 [1 0 0 1 1 0 1 1 1]]
```

输出的特征矩阵表示文本数据的词袋模型特征，每行代表一个文本，每列代表一个单词，且列索引通常根据单词的字母顺序进行排列。由于语料库 corpus 中包含 9 个不同的单词，因此，每个文本是一个长度为 9 的向量。输出矩阵中的值表示对应的词在对应文本中的频次。例如，第一行表示第一个文本中的词频分布，第一个值表示单词“And”在第一个文本中出现的次数，为 0 次；第二个值表示单词“document”在第一个文本中出现的次数，为 1 次；第三个值表示单词“first”在第一个文本中出现的次数，为 1 次，以此类推。

2. 特征选择

Sklearn 提供了多种特征选择方法，可以自动选择最相关的特征，减少特征的空间维度，提高模型性能。

常见的特征选择方法包括如下几种。

（1）方差选择法（VarianceThreshold），根据特征的方差选择相关特征。

（2）相关系数法（SelectKBest），根据特征的相关性选择最相关的特征。

（3）递归特征消除（RFE），递归地训练模型并选择最好的特征子集。

（4）L1 正则化（L1 regularization），通过加入 L1 正则化项实现稀疏特征选择。

乳腺癌数据集中的每个样本包含 30 个特征，可以在这些特征中选出最佳的 2 个特征，以提高建模效率。

例 9-13 特征选择。

```
import numpy as np
import matplotlib.pyplot as plt
from sklearn.datasets import load_breast_cancer
from sklearn.feature_selection import SelectKBest, chi2

# 加载乳腺癌数据集
data = load_breast_cancer()
X = data.data                          # 特征数据
y = data.target                        # 标签数据

# 创建 SelectKBest 对象
kbest = SelectKBest(score_func=chi2, k=2)

# 使用 SelectKBest 算法选择最佳的 2 个特征
X_new = kbest.fit_transform(X, y)

# 获取选择的特征的索引
selected_features = np.array(data.feature_names)[kbest.get_support()]

# 将特征得分和特征名组合在一起
feature_scores = list(zip(data.feature_names,kbest.scores_))
feature_scores.sort(key=lambda x:x[1],reverse=True)
# 根据特征得分降序排列

# 提取特征得分和特征名
scores = [score for _,score in feature_scores]
features = [feature for_feature,in feature_scores]

# 可视化选择的特征及其得分
plt.figure(figsize=(10,8))
plt.barh(range(len(scores)),scores,align='center')
plt.yticks(range(len(scores)),features)
plt.xlabel('Scores')
plt.ylabel('Features')
plt.title('Feature Scores(SelectKBest)')
plt.show()
```

例 9-13 中使用 SelectKBest 算法对乳腺癌数据集进行特征选择，并将选择的这些特征及其得分进行可视化展示，如图 9-11 所示。

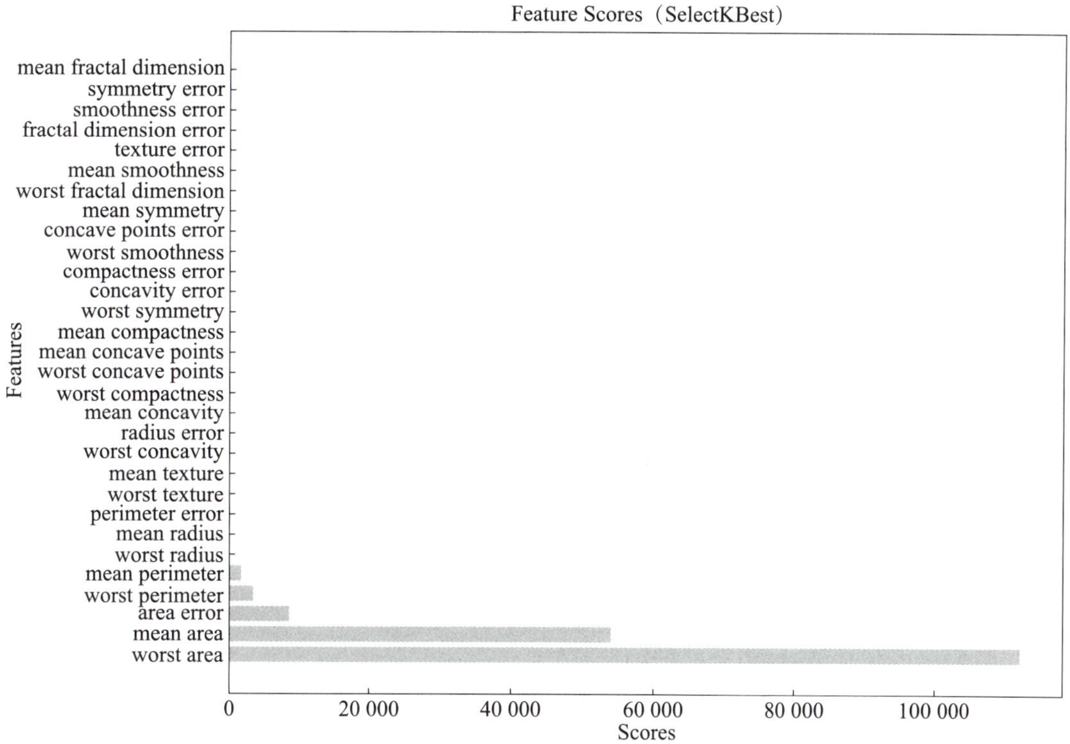

图 9-11　特征选择的可视化展示

例 9-13 中通过 SelectKBest 算法，采用卡方检验（chi2）作为评分函数（score_func）来衡量特征和目标变量之间的相关性。由程序运行结果可以看出，乳腺癌的 mean area 和 worst area 两个特征对区分乳腺癌诊断结果最具判别性。

9.2.4　模型构建

▲可视化

1. 分类算法和模型

常用的分类算法和模型如下。

（1）LogisticRegression（逻辑回归），用于二分类或多分类问题。

（2）DecisionTreeClassifier（决策树分类器），根据特征的值进行分割，适用于二分类或多分类问题。

（3）RandomForestClassifier（随机森林分类器），利用多个决策树集成的方法，适用于二分类或多分类问题。

（4）KNeighborsClassifier（K 近邻分类器），基于近邻点的标签进行分类。

（5）SVM（支持向量机），通过寻找最佳超平面进行分类。

（6）MLPC（multilayer perceptron classifier，多层神经网络分类器），属于人工神经网络模型。

例 9-14 使用 DecisionTreeClassifier 完成鸢尾花分类任务。

```
from sklearn.datasets import load_iris
from sklearn.model_selection import train_test_split
from sklearn.tree import DecisionTreeClassifier
from sklearn.metrics import accuracy_score

# 加载鸢尾花数据集
data = load_iris()
X = data.data
y = data.target

# 划分训练集和测试集数据
X_train,X_test,y_train,y_test = train_test_split(X,y,test_size=0.2,
random_state=42)

# 创建决策树分类器
clf = DecisionTreeClassifier()

# 训练模型
clf.fit(X_train,y_train)

# 在测试集数据上进行预测
y_pred = clf.predict(X_test)

# 计算准确率
accuracy = accuracy_score(y_test,y_pred)
print(f"准确率:{accuracy}")
```

例 9-14 中，首先创建了一个 DecisionTreeClassifier 对象作为分类器模型。然后，使用训练集数据进行模型的训练，即调用 fit( ) 方法传入训练集的特征数据 X_train 和类别数据 y_train。训练完成后，使用测试集数据调用 predict( ) 方法进行预测，得到预测结果 y_pred。最后，使用 accuracy_score( ) 函数计算预测的准确率，并进行打印输出。输出结果显示了模型在测试集上的准确率。

运行程序，得到采用决策树分类器对鸢尾花分类的准确率，输出结果如下：

```
准确率: 1.0
```

2. 回归算法和模型

常用的回归算法和模型如下。

（1）LinearRegression（线性回归），根据特征的线性关系进行回归预测。

（2）DecisionTreeRegressor（决策树回归），根据特征的值进行分割，适用于连续型目标变量的回归问题。

（3）RandomForestRegressor（随机森林回归），利用多个决策树集成的方法，适用于连续型目标变量的回归问题。

（4）MLPRegressor（多层神经网络回归）。

例 9-15　回归模型的用法示例。

```
import numpy as np
import matplotlib.pyplot as plt
from sklearn.datasets import make_regression
from sklearn.linear_model import LinearRegression

# 生成回归数据集
X,y = make_regression(n_samples=100,n_features=1,noise=10,random_state
=42)

# 创建线性回归模型
model = LinearRegression()

# 训练模型
model.fit(X, y)

# 预测结果
y_pred = model.predict(X)

# 可视化结果
plt.scatter(X,y,c='b',label='Actual')
plt.plot(X,y_pred,c='r',label='Predicted')
plt.xlabel('X')
plt.ylabel('y')
plt.legend()
plt.show()
```

例 9-15 中使用 make_regression( ) 函数生成一个回归数据集，并创建一个线性回归模型对数据进行拟合。程序通过 LinearRegression( ) 方法创建了一个线性回归模型，并调用 fit( ) 方法，使用生成的回归数据 X 和 y 训练模型。训练完成后，使用训练好的模型对输入的特征数据 X 进行预测，得到预测结果 y_pred。最后，使用 Matplotlib 库对实际值和预测值进行可视化，其中实际值用散点图表示，预测值用曲线表示。

运行程序，数据回归结果如图 9-12 所示。

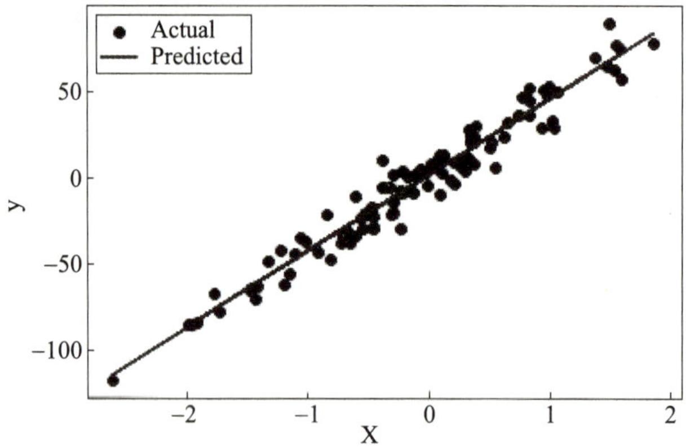

图 9-12　数据回归结果

其中，散点图表示实际的目标变量值，曲线表示模型对特征数据的预测值。可视化结果显示了线性回归模型对回归数据的拟合情况。

3. 聚类算法和模型

常用的聚类算法和模型如下。

（1）KMeans（K 均值聚类），基于样本之间的距离进行聚类。

（2）DBSCAN（density-based spatial clustering of applications with noise，基于密度的聚类），通过样本的密度将样本分为不同的簇。

（3）AgglomerativeClustering（层次聚类），通过不断合并最近的簇来构建层次结构。

例 9-16　聚类模型的用法示例。

```
import numpy as np
import matplotlib.pyplot as plt
from sklearn.datasets import make_blobs
from sklearn.cluster import KMeans

# 生成聚类数据集
X,y_true = make_blobs(n_samples=400,centers=4,cluster_std=1,random_
state=42)

# 创建 KMeans 模型
kmeans = KMeans(n_clusters=4)

# 训练模型
kmeans.fit(X)
# 获取聚类结果
y_pred = kmeans.labels_
```

```
    # 可视化聚类结果
    plt.scatter(X[:,0],X[:,1],c=y_pred,cmap='viridis')
    plt.scatter(kmeans.cluster_centers_[:,0],kmeans.cluster_centers_[:,1],
marker='*',c='red',label='Centroids')
    plt.xlabel('X')
    plt.ylabel('y')
    plt.legend()
    plt.show()
```

例 9-16 中使用 make_blobs( ) 函数生成一个具有 4 个簇的聚类数据集，并使用 KMeans( ) 方法创建一个 KMeans 模型，指定要聚类的簇的数量为 4。生成的聚类数据 X 调用 fit( ) 方法训练模型。训练完成后，通过 labels 属性获取每个样本所属的聚类类别，即聚类结果 y_pred。聚类结果如图 9-13 所示。

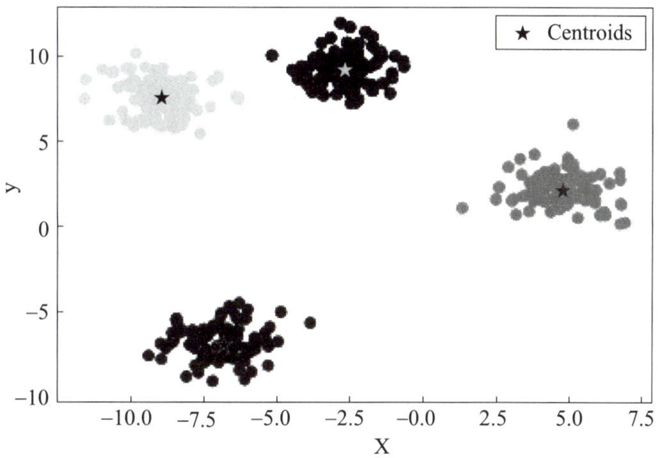

图 9-13　聚类结果

图 9-13 中，每个样本用散点图表示，不同的聚类用不同颜色表示，聚类中心用星号表示。该可视化结果显示了使用 KMeans 算法对聚类数据进行聚类的结果。

9.2.5　模型优化与评估

1．模型优化

Sklearn 提供了多种模型优化的功能，包括参数调优、特征选择和模型比较等。通过模型优化，可以提高模型的性能，并找到最适合的模型参数和特征组合，从而提高机器学习模型的准确性和泛化能力。

Sklearn 提供了 GridSearchCV 和 RandomizedSearchCV 两个工具，通过遍历给定的参数空间，可以自动搜索最优的参数组合，从而提高模型的性能。

以下示例使用 GridSearchCV 工具搜索支持向量机模型的最优 C 和 gamma 值，说明模型优化问题。

例 9-17 模型优化示例。

```
from sklearn.svm import SVC
from sklearn.model_selection import GridSearchCV
from sklearn.datasets import load_iris
# 加载鸢尾花数据集
iris = load_iris()
X = iris.data
y = iris.target

# 定义 SVM 模型
svm_model = SVC()

# 定义参数网格
param_grid = {'C':[0.1,1,10],'gamma':[0.1,1,10]}

# 创建 GridSearchCV 对象
grid_search = GridSearchCV(estimator=svm_model,param_grid=param_grid,
cv=5)

# 在训练集数据上拟合 GridSearchCV 对象
grid_search.fit(X,y)

# 输出最佳参数和最佳得分
print("最佳参数:",grid_search.best_params_)
print("最佳得分:",grid_search.best_score_)
```

在例 9-17 中，采用栅格搜索寻找鸢尾花数据集的 SVM 分类器的最优参数。程序首先定义了 SVM 模型 svm_model 以及参数网格 param_grid，设定了不同的 C 和 gamma 值。接着创建了 GridSearchCV 对象 grid_search，使用训练集数据 X 和 y 调用 grid_search 对象的 fit( ) 方法，来训练并搜索最佳的参数组合。在训练完成后，通过 grid_search.best_params_ 可以获取最佳参数组合，通过 grid_search.best_score_ 可以获取最优模型在交叉检验中的最佳得分。

程序运行结果如下：

```
最佳参数: {'C':1,'gamma':0.1}
最佳得分: 0.9800000000000001
```

2. 模型评估

1）分类指标

Sklearn 提供了多个分类指标，用于评估分类模型的性能，包括准确率、精确率、召回率、F1 值和 ROC 曲线等。

例 9-18　分类模型评价示例。

```
from sklearn.datasets import make_classification
from sklearn.model_selection import train_test_split
from sklearn.neighbors import KNeighborsClassifier
from sklearn.metrics import accuracy_score,precision_score,recall_
score,f1_score
from sklearn.metrics import confusion_matrix,roc_curve,auc
import matplotlib.pyplot as plt

# 生成二分类数据集
X,y = make_classification(n_samples=1000,n_features=10,n_informative=
5,n_classes=2,random_state=42)

# 划分数据集为训练集和测试集
X_train,X_test,y_train,y_test = train_test_split(X,y,test_size=0.2,
random_state=42)

# 创建 KNN 分类器模型
knn = KNeighborsClassifier()

# 拟合训练集数据
knn.fit(X_train, y_train)

# 对测试集进行预测
y_pred = knn.predict(X_test)

# 计算准确率
accuracy = accuracy_score(y_test,y_pred)

# 计算精确率
precision = precision_score(y_test,y_pred)

# 计算召回率
recall = recall_score(y_test,y_pred)

# 计算 F1 值
f1 = f1_score(y_test,y_pred)
```

```
# 计算混淆矩阵
confusion_mat = confusion_matrix(y_test,y_pred)

# 绘制 ROC 曲线
y_scores = knn.predict_proba(X_test)[:,1]
fpr,tpr,thresholds = roc_curve(y_test,y_scores)
roc_auc = auc(fpr,tpr)

# 输出结果
print("准确率:",accuracy)
print("精确率:",precision)
print("召回率:",recall)
print("F1 值:",f1)
print("混淆矩阵:")
print(confusion_mat)

# 绘制 ROC 曲线
plt.plot(fpr,tpr,label='ROC curve(area = %0.2f)' % roc_auc)
plt.plot([0,1],[0,1],'k--')
plt.xlabel('False Positive Rate')
plt.ylabel('True Positive Rate')
plt.title('Receiver Operating Characteristic')
plt.legend(loc="lower right")
plt.show()
```

程序通过 make_classification( ) 方法生成一个二分类数据集，然后使用 KNN 分类器进行分类，计算准确率、精确率、召回率、F1 值，输出混淆矩阵，并绘制 ROC 曲线。程序运行结果如下：

```
准确率: 0.915
精确率: 0.9493670886075949
召回率: 0.8522727272727273
F1 值: 0.8982035928143712
混淆矩阵:
[[108   4]
 [13  75]]
```

运行程序，得到如图 9-14 所示的分类评价指标。

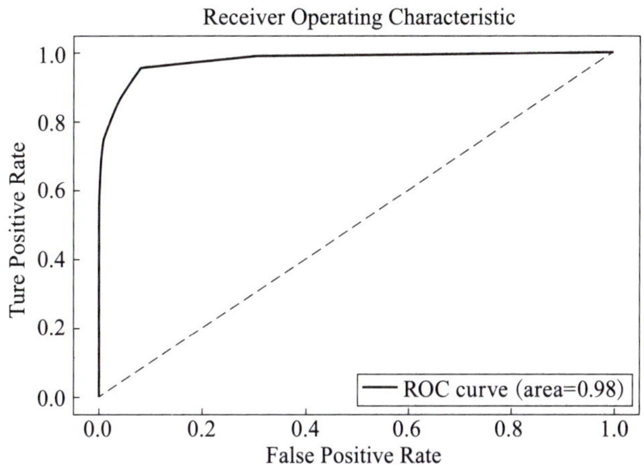

图 9-14 分类评价指标

2）回归指标

Sklearn 提供了多个回归指标，用于评估回归模型的性能，包括均方误差（MSE）、均方根误差（RMSE）和决定系数（R^2）等。

例 9-19 回归模型评价示例。

```
from sklearn.datasets import make_regression
from sklearn.model_selection import train_test_split
from sklearn.linear_model import LinearRegression
from sklearn.metrics import mean_squared_error, r2_score
import matplotlib.pyplot as plt
import numpy as np

# 生成回归数据集
X,y = make_regression(n_samples=100,n_features=1,noise=10,random_
state=42)

# 划分数据集为训练集和测试集
X_train,X_test,y_train,y_test = train_test_split(X,y,test_
size=0.2,random_state=42)

# 创建线性回归模型
reg = LinearRegression()

# 拟合训练集数据
reg.fit(X_train,y_train)

# 对测试集进行预测
```

```
y_pred = reg.predict(X_test)

# 计算均方误差
mse = mean_squared_error(y_test,y_pred)

# 计算均方根误差 (RMSE)
rmse = np.sqrt(mse)

# 计算决定系数
r2 = r2_score(y_test,y_pred)

# 绘制回归结果
plt.scatter(X_test,y_test,color='blue',label='Actual')
plt.plot(X_test,y_pred,color='red',label='Predicted')
plt.xlabel('X')
plt.ylabel('y')
plt.title('Regression')
plt.legend()

# 显示评价指标
plt.text(0.8,-30,'MSE:%.2f'%mse,fontsize=10)
plt.text(0.8,-50,'RMSE:%.2f'%rmse,fontsize=10)
plt.text(0.8,-70,'R²:%.2f'%r2,fontsize=10)

plt.show()
```

程序利用 make_regression( ) 方法生成一个回归数据集，并使用线性回归对数据进行建模和预测，最后通过可视化原始数据和预测结果，可以直观评价回归算法的结果。

运行程序，回归评价指标如图 9-15 所示。图 9-15 的右下角显示了均方误差（MSE）、均方根误差（RMSE）和决定系数（R^2）这三个评价指标的值。

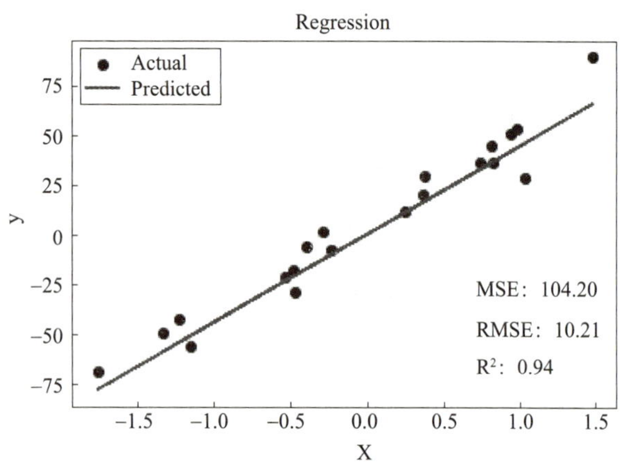

图 9-15　回归评价指标

3）聚类指标

Sklearn 提供了多个聚类指标，用于评估聚类模型的性能，包括轮廓系数和互信息等。

例 9-20　聚类模型评价示例。

```
from sklearn.datasets import make_blobs
from sklearn.cluster import KMeans
from sklearn.metrics import silhouette_score,adjusted_mutual_info_score

# 生成聚类数据集
X,y = make_blobs(n_samples=1000,centers=3,random_state=42)

# 创建 K 均值聚类模型
kmeans = KMeans(n_clusters=3,random_state=42)

# 拟合数据
kmeans.fit(X)

# 预测簇标签
labels = kmeans.labels_

# 计算轮廓系数
silhouette = silhouette_score(X,labels)

# 计算互信息
mi = adjusted_mutual_info_score(y,labels)
# 打印评价结果
print("轮廓系数:",silhouette)
print("互信息:",mi)
```

程序使用 make_blobs( ) 方法生成一个聚类数据集，并使用 KMeans 聚类模型对数据进行聚类，最后计算轮廓系数和互信息来评估聚类结果。

程序运行结果如下：

```
轮廓系数: 0.8435705873891368
互信息: 1.0
```

9.3 Matplotlib

在人工智能的应用过程中，数据可视化是一个重要的工具和技术。通过数据可视化，可以将复杂的分析和结果以直观、易懂的方式呈现，从而更好地理解和探索数据，发现其中的规律、关联性和异常情况，以便从宏观上观察数据的分布、趋势和特征。

常见的数据可视化工具包括条形图、折线图、饼图、散点图、热图、树状图、地图、气泡图等，可以根据数据的类型和目标选择并使用这些工具。此外，还可以使用各种数据可视化软件和编程语言，如 Tableau、Power BI，Python 的 Matplotlib 和 Seaborn 库，R 语言的 ggplot2 等，创建复杂和交互式的数据可视化图形。

本节以 Matplotlib 和 Seaborn 为例介绍数据可视化的常用方法。

Matplotlib 是一款用于数据可视化的 Python 软件包，支持跨平台运行，使用简单，代码清晰易懂。利用 Matplotlib 可轻松生成柱状图、直方图、散点图、饼图、折线图、等高线图等不同形式的图表。

Seaborn 是一个基于 Matplotlib 的数据可视化库，提供了更高级的统计图表和绘图功能，旨在使可视化更加简单，同时保持美观和灵活性。

使用 Matplotlib 和 Seaborn 前，首先要导入画图工具所在的包，导入方法如下：

```
import matplotlib.pyplot as plt
import seaborn as sns
```

9.3.1 线图

折线图、曲线图等线图可使用 Matplotlib 中的 plot( ) 函数绘制。

plot( ) 函数的基本语法如下：

```
plt.plot(x,y,*format)
```

下面是 plot( ) 函数的一些常用参数的说明。

（1）x 和 y：用于指定 x 轴和 y 轴数据的值，省略 x 时，默认 x 轴数据是 y 数组的下标，即 [1, 2, ⋯, N]。

（2）color：用于设置线条或标记的颜色。

（3）linestyle：用于设置线条的样式，如实线、虚线、点线等。

（4）marker：用于设置标记的样式，如圆点、叉号、方块等。

（5）label：用于指定图例的标签。

（6）linewidth：用于设置线条的宽度。

（7）alpha：用于设置图表的透明度。

（8）markerfacecolor：用于设置标记的填充色。

（9）markersize：用于设置标记的大小。

例 9-21 一维信号显示示例。

```
import numpy as np
import matplotlib.pyplot as plt
dt = 0.1
t = np.arange(0, 30, dt)
nse = np.random.randn(len(t))    # 生成白噪声
# 生成包含噪声的正弦信号
```

```
s = np.sin(2 * np.pi * 10 * t) + nse
plt.figure(figsize=(30,5))
plt.plot(t, s)
plt.xlabel('Time')
plt.ylabel('Signal')
plt.show()
```

运行程序，输出的一维信号如图 9-16 所示。

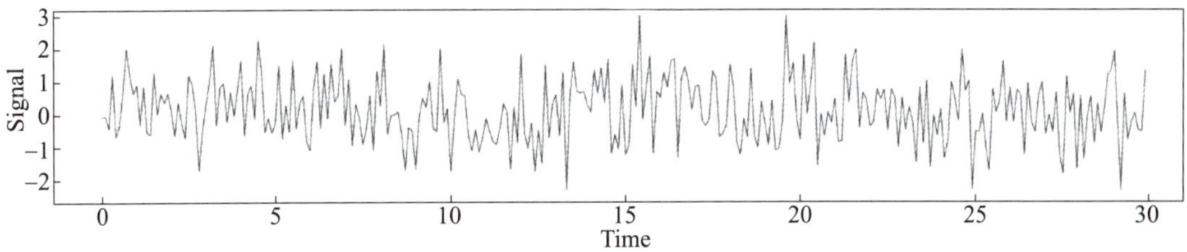

图 9-16　一维信号

当 plot( ) 函数的参数为一维脑电信号时，曲线图显示了脑电信号随时间的变化情况。

▲线图：程序功能扩展

9.3.2　散点图

散点图可以用来显示二维数据的空间分布特点。散点图可使用 Matplotlib 中的 scatter( ) 函数绘制。

scatter( ) 函数的基本语法如下：

```
scatter(x,y,s,c,marker,**kwargs)
```

该函数的参数含义如下。

（1）x，y：x 轴和 y 轴数据的值。

（2）s：数据点的大小。

（3）c：数据点的颜色。

（4）marker：数据点的标记。

下面以显示鸢尾花的两个特征分布为例说明散点图的绘制方法。

例 9-22　二维信号显示示例。

```
from sklearn.datasets import load_iris
import matplotlib.pyplot as plt
iris = load_iris()
plt.scatter(iris.data[:,0],iris.data[:,1],c=iris.target)
plt.show()
```

▲散点图：程序功能扩展

程序通过绘制散点图，可以显示不同类别鸢尾花的前两个特征分布状况，散点根据类别不同而显示不同颜色。运行程序，鸢尾花的两个特征分布的散点图如图 9-17 所示。

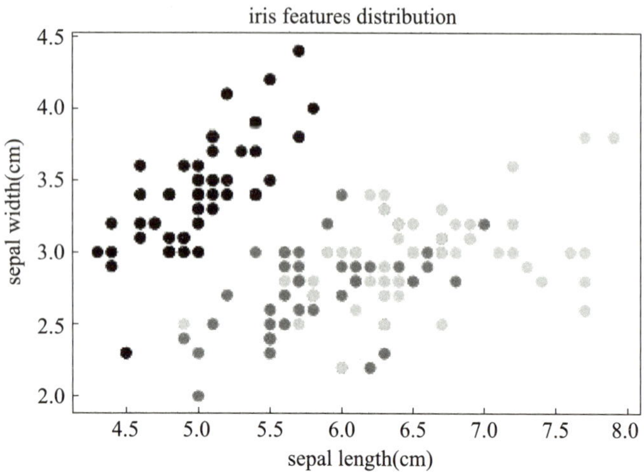

图 9-17　鸢尾花的两个特征分布的散点图

9.3.3　直方图

直方图可以反映数据的分布情况，间接反映数据的概率密度。直方图通过将数据划分为多个连续的区间（称为 bins），并计算每个区间内数据的数量或频率来显示数据的分布。

直方图可以使用 Matplotlib 中的 hist( ) 函数绘制，其基本语法如下：

```
matplotlib.pyplot.hist(x,bins=None,range=None,density=False,
cumulative=False,color=None,edgecolor=None,...)
```

其中，常用参数的说明如下。

（1）x：必需参数，表示输入的一维数据。

（2）bins：可选参数，指定直方图的区间数目。可以以整数形式指定区间数目，或以列表形式手动指定每个区间的边界值。

（3）range：可选参数，指定直方图的数据范围。默认值为 None，表示使用数据的最小值和最大值作为数据范围。

（4）density：可选参数，用于指定直方图是否应该标准化为概率密度。默认值为 False，表示显示的是原始的频数。

（5）cumulative：可选参数，用于指定是否绘制累积直方图。默认值为 False。

（6）color：可选参数，用于设置直方图的颜色。

（7）edgecolor：可选参数，用于设置直方图的边框颜色。

以下示例通过绘制直方图来显示泰坦尼克号乘客的年龄分布。

例 9-23　直方图显示示例。

```
import pandas as pd
Titanic = pd.read_csv('titanic_data.csv')
# 显示泰坦尼克号乘客的年龄分布
plt.hist(x = Titanic.Age,       # 指定绘图数据
         bins = 20,             # 指定直方图中条块的个数
         color = 'green',       # 指定直方图的填充色
         alpha = 0.5,           # 指定直方图的颜色的透明度
         edgecolor = 'blue'     # 指定直方图的边框色
         )
# 设置文字的字号
plt.rcParams['font.size']=15
# 添加 x 轴和 y 轴标签
plt.xlabel('Age')
plt.ylabel('Numbers')
# 添加标题
plt.title('Passenger age distribution')
# 显示图形
plt.show()
```

运行程序，泰坦尼克号乘客年龄分布的直方图如图 9-18 所示。

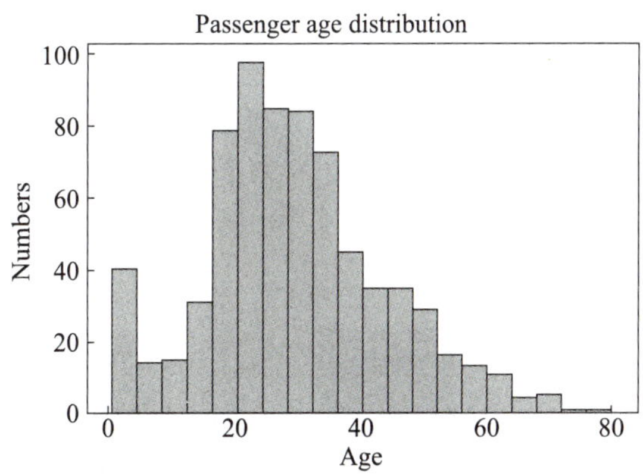

图 9-18　泰坦尼克号乘客年龄分布的直方图

9.3.4　热图

热图是一种常用的二维数据可视化工具，用于以矩阵形式呈现数据集的模式和关联性。通过使用颜色的渐变，热图可以直观地表达数据的大小和变化，有助于用户更好地理解和解释数据集。热图可以使用 Seaborn 中的 heatmap( ) 函数绘制。

heatmap( ) 函数的基本语法如下：

```
seaborn.heatmap(data,vmin=None,vmax=None,cmap=None,annot=None,fmt='.2g',
```

```
linewidths=0,linecolor='white',...)
```

其中，常用参数的说明如下。

（1）data：必需参数，表示输入的二维数据矩阵，可以是 NumPy 数组、Pandas DataFrame 对象等。

（2）vmin 和 vmax：可选参数，用于设置热图的颜色映射值的范围，即颜色的最小值和最大值。默认情况下，根据数据的最小值和最大值自动确定这两个参数值。

（3）cmap：可选参数，用于指定热图的颜色映射。可以采用字符串表示的颜色映射名称，也可以采用 Matplotlib Colormap 对象指定。

（4）annot：可选参数，用于决定是否在每个热图单元格中显示值标签。值为 True 时显示值标签，值为 False 时则不显示。

（5）fmt：可选参数，用于设置值标签的显示格式。

（6）linewidths：可选参数，用于设置单元格之间间隔线的宽度。

（7）linecolor：可选参数，用于设置单元格之间间隔线的颜色。

例 9-24 利用热图显示鸢尾花变量的协方差矩阵。

例 9-24 热图显示示例。

```
import pandas as pd
import seaborn as ans
df_iris = pd.read_csv('iris.csv')
data = df_iris.corr()
sns.heatmap(data)
plt.show()
```

程序首先计算数据各个特征的相关矩阵，并利用热图显示。热图中的颜色可以直观地表示特征之间相关度的大小，色块颜色越接近色彩变化尺的正值，说明相关度越高。运行程序，鸢尾花变量的协方差矩阵的热图如图 9-19 所示。从图 9-19 可以看出，petal_length 和 petal_width 的相关度比较高。

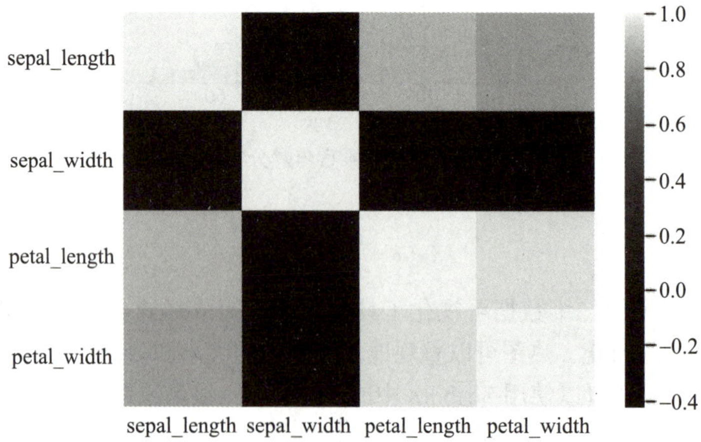

图 9-19 鸢尾花变量的协方差矩阵的热图

9.3.5　散点图矩阵

利用 Seaborn 库中的 pairplot( ) 函数可以绘制散点图矩阵，该函数用于可视化数据集中多个数值型变量之间的关系。散点图矩阵中构建了直方图和散点图两种基本图形，其中位于对角线上的直方图展示了变量的分布，非对角线位置的散点图展示了变量两两之间的关系。

pairplot( ) 函数的基本语法如下：

```
seaborn.pairplot(data,vars=None,hue=None,palette=None,markers=None,...)
```

常用参数的说明如下。

（1）data：必需参数，表示输入的数据集，可以是 Pandas DataFrame 对象或 NumPy 数组。

（2）vars：可选参数，用于指定要绘制的变量子集。默认情况下，pairplot( ) 函数会查找数据集中所有的数值型变量并绘制这些变量之间的关系。

（3）hue：可选参数，用于根据一个额外的分类变量将数据分成不同的组，并使用不同的颜色表示，从而允许在同一图表中比较不同类别之间的关系。

（4）palette：可选参数，用于设置颜色的调色板，其值可指定为颜色的列表或调色板名称。

（5）markers：可选参数，用于指定散点图的标记类型，其值可以是字符串、列表或字典类型。

除了上述参数之外，pairplot( ) 函数还有其他参数，用于自定义图表的样式、标签等属性。

例 9-25 利用散点图矩阵显示鸢尾花数据集。

例 9-25　散点图矩阵显示示例。

```
import seaborn as sns
import matplotlib.pyplot as plt
import pandas as pd
df_iris = pd.read_csv('iris.csv')
sns.pairplot(df_iris,hue="species",palette='Set2',markers=['o','s','^'],)
plt.show()
```

运行程序，鸢尾花数据集的散点图矩阵如图 9-20 所示。

例 9-25 的代码绘制了鸢尾花数据集中 4 个特征的散点图，并根据变量的不同类别而使用不同颜色和不同标记区分。代码中使用 Set2 调色板设置散点图的颜色，并使用圆形、正方形、三角形作为散点图的标记类型。

pairplot( ) 函数是一种强大的工具，该工具有助于用户迅速了解数据集中数值型变量之间的关系。通过可视化变量之间的散点图和分布图，可以检查数据的相关性、趋势、异常值等信息，以便用户更好地理解数据集。

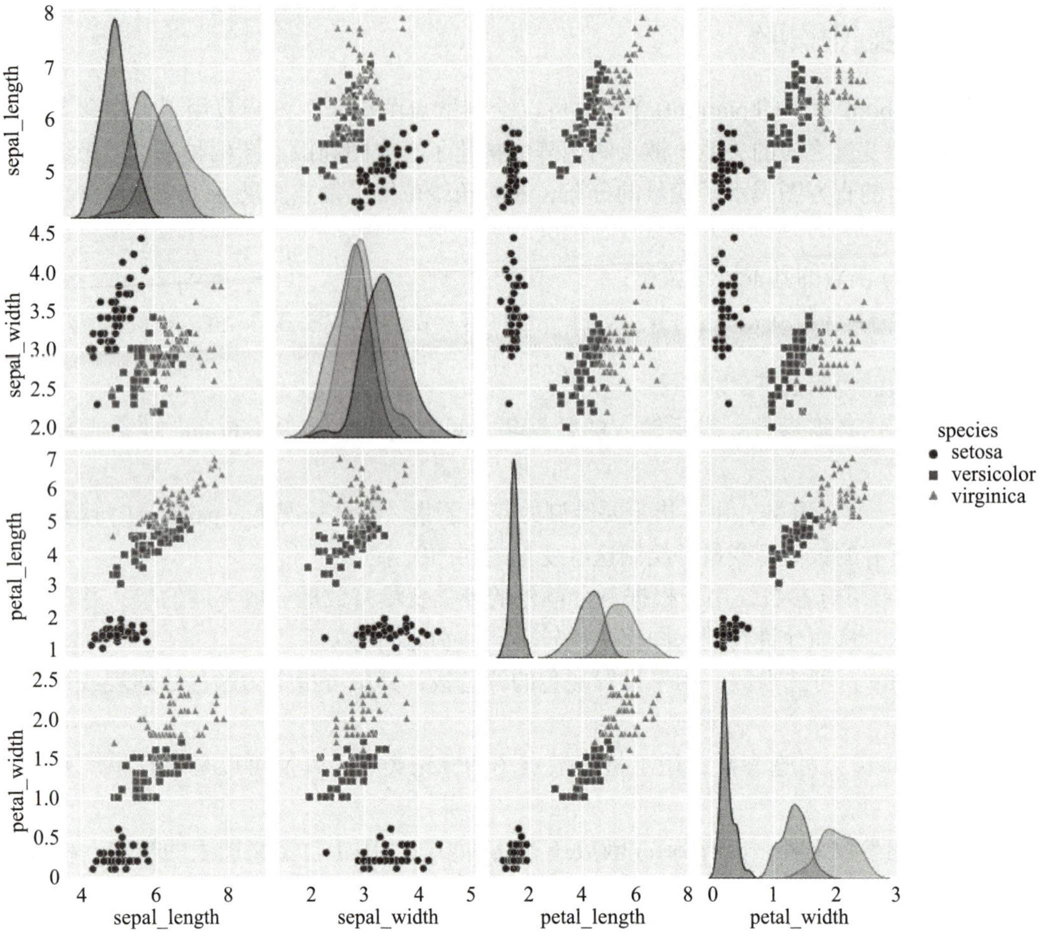

图 9-20　鸢尾花数据集的散点图矩阵

9.3.6　文本数据可视化

词云是一种常用的文本数据可视化方式，它以词语为基本单位，通过对文本中所有词语的词频进行统计，能够直观地展示文本的信息，其中出现频率越高的词，在词云中显示的字体越大且颜色越明显。

Python 第三方库 Wordcloud 可用于创建和呈现词云图。使用 Wordcloud 前，需要安装 Wordcloud 库，其安装方法是在 Anaconda Prompt 中输入如下命令：

```
pip install wordcloud
```

然后使用“ import wordcloud”命令导入词云库，最后使用 WordCloud( ) 函数创建对象。WordCloud( ) 函数的基本用法如下：

```
wordcloud = WordCloud(options)
```

其中，options 是一个字典或参数列表，用于设置词云图的属性和样式。

常用的词云图的属性和样式包括如下内容。

（1）width：词云图的宽度，默认为 400 像素。

（2）height：词云图的高度，默认为 200 像素。

（3）background_color：词云图的背景颜色，默认为 black。

（4）max_words：词云图显示的最大词语数量，默认为 200。

（5）colormap：词云图的颜色映射，默认为 viridis。

（6）font_path：字体文件的路径，用于设置词云图的字体样式。默认情况下，使用系统的默认字体。

（7）regexp：用于设置分隔文本的正则表达式，以处理特殊字符或标点符号。

除此之外，WordCloud( ) 函数还提供了其他设置，如设置停用词、最大字体尺寸、最小字体尺寸、词云形状等。

下面针对一篇关于朋友特点的调查问卷数据，对该问卷进行词云分析。

例 9-26 词云图显示示例。

```
# 导入词云库
import wordcloud
# 打开需要生成词云的文本文档
article = open("friend.txt","r",encoding='gbk').read()
# 设置词云的大小、背景、文字样式
font_path = 'C:/Windows/Fonts/simhei.ttf'
w = wordcloud.WordCloud(font_path=font_path,width = 800,height = 800,
background_color= "white",min_font_size=8)
# 生成词云
w.generate(article)
plt.imshow(w, interpolation='bilinear')
plt.axis("off")
plt.show()
```

运行程序，生成的词云图如图 9-21 所示。从词云图的显示结果可以看出，该文件中“善良”和“乐观”出现的频率最高，这是大多数人交友时注重的品质。

图 9-21　词云图

▲词云图：程序功能扩展

9.3.7 图像数据可视化

Python 中有多个常用的图像处理库，可以用于处理和操作图像数据。以下是一些常见的 Python 图像处理库。

（1）PIL/Pillow。PIL（Python imaging library）是 Python 的一个图像处理库，而 Pillow 是 PIL 的一个易于使用的分支。二者提供了广泛的图像处理功能，包括图像打开、保存、缩放、裁剪、旋转、滤镜应用等。

（2）OpenCV。OpenCV 是一个广泛使用的计算机视觉库，其中提供了丰富的图像和视频处理功能。该库支持各种图像操作，如读取和保存图像、调整亮度和对比度、图像平滑、边缘检测、图像转换、人脸识别等。

（3）Scikit-image。Scikit-image 是一个基于 NumPy 的 Python 图像处理库，其中提供了大量的图像处理和计算机视觉函数，用于图像滤波、阈值化、形态学操作、图像分割、特征提取等操作。

（4）NumPy。虽然 NumPy 主要用于数值计算，但它也提供了一些有用的函数和方法，用于处理图像数据。NumPy 数组可以用来表示图像数据，并且可以使用 NumPy 的各种方法操作和处理图像数据。

（5）Matplotlib。Matplotlib 是一个用于数据可视化的库，也支持图像显示。通过 Matplotlib 的 pyplot 模块，可以读取、显示和保存图像数据。

（6）Skimage。Skimage 是一个基于 SciPy 的图像处理库，其中提供了多种用于图像处理和计算机视觉的功能，如图像滤波、几何转换、边缘检测等。

上述图像处理库提供了不同的功能和方法，可以根据具体的图像处理需求选择适合的库。

例 9-27 PIL 库的图像显示示例。

```
from PIL import Image
# 打开图像文件
image = Image.open('image.jpg ')
# 显示图像
image.show()
```

例 9-28 Matplotlib 库的图像显示示例。

```
import matplotlib.pyplot as plt
import matplotlib.image as mpimg
# 读取图像文件
image = mpimg.imread('image.jpg')
# 显示图像
plt.imshow(image)
plt.show()
```

运行以上两段程序，图像显示效果如图 9-22 所示。利用以上两种方法均可灵活、方便地显示图像数据。

图 9-22　图像显示效果

习　题　9

1. 选择题

（1）Scikit-learn 是一个________库。

A．机器学习　　B．深度学习　　C．自然语言处理　　D．图像处理

（2）Scikit-learn 提供的常用的机器学习任务包括________。

A．分类　　B．聚类　　C．回归　　D．上述所有选项

（3）Scikit-learn 提供的常用的模型评估指标包括________。

A．精确度　　B．召回率

C．F1 得分　　D．上述所有选项

（4）在 Scikit-learn 中，train_test_split( ) 函数的功能是________。

A．划分数据集为训练集和测试集　　B．对数据进行特征缩放

C．对数据进行降维处理　　D．对模型进行交叉验证

（5）在 Scikit-learn 中，GridSearchCV( ) 函数的功能是________。

A．数据的特征选择　　B．模型的超参数调优

C．对模型进行训练和预测　　D．数据的标准化处理

2. 编程题

（1）编写程序，导入葡萄酒数据集（load_wine），了解并显示该数据集的信息。

（2）编写程序，显示葡萄酒数据集中前两个特征的散点图。

（3）编写程序，采用 SVM 算法对葡萄酒数据集进行分类。

▲习题参考答案

第 10 章 人工智能应用案例

10.1 图像分类案例——人脸识别

10.1.1 数据集简介

本节采用第 9 章介绍的 Olivetti Faces 数据集构建人脸识别系统，该数据集收集了 400 张真实世界中的人脸图像，来自 40 个不同的人物，每个人有 10 张不同的照片。这些图像具有一定的变化性，包括不同的人物、角度、光照和表情。数据集中的图像是灰度图像，大小为 64 像素 ×64 像素。

10.1.2 案例分析

构建人脸识别系统可以分为以下步骤。

1. 获取人脸数据集

Olivetti Faces 数据集可通过 Sklearn 库的 fetch_olivetti_faces( ) 函数获取。

例 10-1 Olivetti Faces 数据集的获取。

```
from sklearn.datasets import fetch_olivetti_faces
people = fetch_olivetti_faces()
# 调用 fetch_olivetti_faces() 函数导入数据集
X = people.data
y = people.target
```

fetch_olivetti_faces( ) 函数的返回值包含多个属性。

（1）data：包含图像的特征向量。本案例中数据尺寸为 (400, 4 096)，说明导入 400 幅人脸图像，每幅图像用一个长度为 4 096 的向量表示。

（2）images：包含原始图像的二维数组。本案例中图像尺寸为 (400, 64, 64)，说明有 400 幅图像，每幅图像用 64×64 的矩阵表示。

（3）target：每幅图像对应的目标标签。标签的值为 0 ～ 39，说明数据库中有 40 个人的脸部数据。

2. 数据预处理

在采用机器学习建立分类器以前，首先将样本划分为训练样本和测试样本。训练样本用于训练机器学习算法，建立模型；测试样本用于检验模型的性能，测试分类器的可靠性。

例 10-2 Olivetti Faces 数据集的预处理。

```
# 将数据集划分为训练集和测试集
X_train,X_test,y_train,y_test = train_test_split(X,y,test_size=0.2,
random_state=42)
```

利用 Sklearn 库的 model_selection 模块中的 train_test_split( ) 函数可实现数据集的划分。

train_test_split( ) 函数指定了以下参数。

（1）X：人脸样本的特征数据。

（2）y：人脸样本对应的类别。

（3）test_size：定义测试样本数，当该参数是整数时，表示测试样本的数目；当该参数是 0 ～ 1 之间的小数时，表示抽取的测试样本占总样本的比例。例如，例 10–2 中将该参数设置为 0.2，表示提取的测试样本数是 80 个（400×0.2=80）。其余的 320 个样本用作训练样本。

（4）random_state：设置随机划分的方法。

train_test_split( ) 函数的返回值为样本划分后的结果，包括 4 个参数，分别是训练样本（X_train)、测试样本（X_test)、训练样本对应的类别（y_train）和测试样本对应的类别（y_test)。

3. 人脸特征提取

人脸特征提取是指从人脸图像或数据中提取出具有区分性和代表性的特征，以便进行人脸识别。

常见的人脸特征提取方法如下。

1）图像特征提取

（1）特征描述子（如 SIFT、SURF 和 ORB)。通过检测图像中的角点或特定的局部兴趣点，并对这些区域进行描述，从而提取局部特征。

（2）非局部特征（如 HOG、LBP)。通过计算图像中每个局部区域的梯度、纹理或纹理对比度等信息来描述整个图像。

（3）深度卷积神经网络。通过多层卷积和池化操作，在神经网络中进行特征提取，可以自动学习到更高级别的特征表示。

2）形状特征提取

（1）主动形状模型（active shape models，ASM)。使用参数化模型对人脸图像中的关键点进行建模，通过调整这些关键点的位置捕获人脸形状。

（2）主动外观模型（active appearance models，AAM)。结合人脸形状和纹理信息，通过形状和纹理的统计模型进行特征提取。

3）统计特征提取

（1）人脸的平均形状和纹理特征。计算一组人脸图像的平均形状和纹理特征表示，并将其作为特征向量。

（2）主成分分析（principal component analysis，PCA）。PCA 是一种常用的特征提取和降维方法，可以通过线性变换将高维数据投影到低维空间，同时保留数据中的最大方差，提取保留最大差异性的主成分。

以 PCA 方法为例介绍人脸特征提取方法。

例 10-3 基于 PCA 的人脸特征提取。

```
import numpy as np
import matplotlib.pyplot as plt
from sklearn.datasets import fetch_olivetti_faces
from sklearn.model_selection import train_test_split
from sklearn.decomposition import PCA

# 加载数据集
people = fetch_olivetti_faces()

# 获取图像数组和对应的标签
X = people.data
y = people.target

X_train,X_test,y_train,y_test = train_test_split(X,y,test_
size=0.2,random_state=42)
# 特征提取和降维
# 使用 PCA 进行特征提取和降维
pca = PCA(n_components=150,whiten=True)
X_train_pca = pca.fit_transform(X_train)
X_test_pca = pca.transform(X_test)
X_pca = pca.fit_transform(X)
# 可视化
plt.figure(figsize=(10,10))
for i in range(len(y_train)):
    plt.scatter(X_train_pca[i,0],X_train_pca[i,1],label=y_train[i])

plt.xlabel("Principal Component 1")
plt.ylabel("Principal Component 2")
plt.title("PCA Visualization of LFW People(Train Data)")
plt.legend()
plt.show()
# 输出降维前后的特征维度
print(f"降维前的特征维度:{X.shape[1]}")
print(f"降维后的特征维度:{X_pca.shape[1]}")
```

程序运行结果如下：

```
降维前的特征维度：4096
降维后的特征维度：150
```

PCA 降维后的数据如图 10-1 所示。

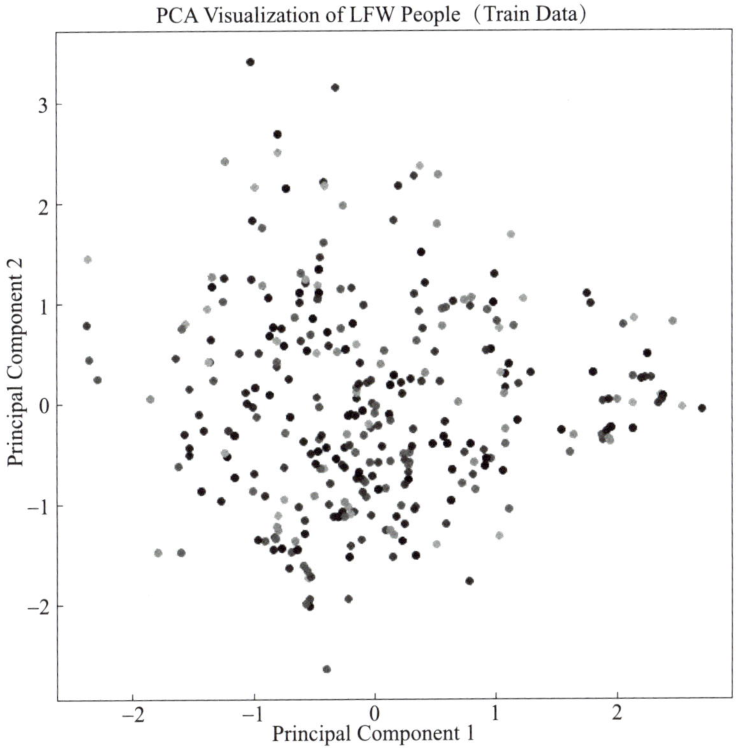

图 10-1　PCA 降维后的数据

本例通过使用 PCA 方法进行特征提取和降维，将特征从 4 096 个降为 150 个，大大减少了数据量，可以提高后期建立模型和模型预测的效率。将高维的图像数据展示在二维平面上，用不同颜色和标记表示不同人物的图像，从而可以在二维空间中观察不同人物的分布情况，以便更好地理解数据的特征和结构。

4. 构建人脸识别模型

机器学习中有很多算法，如 K 近邻算法、线性分类器、支持向量机、人工神经网络等。除了可根据各个模型的特点及适用的问题选择模型之外，也可采用交叉检验的方法进行模型选择。

例 10-4 通过交叉检验的方法分别采用 K 近邻分类器、决策树、贝叶斯分类器、线性分类器、支持向量机、多层人工神经网络对人脸数据进行建模，并从正确率和运行时间两个方面比较各种算法的性能，从而方便选择模型。

例 10-4　构建人脸识别分类模型。

```
from sklearn.model_selection import cross_val_score
from sklearn.neighbors import KNeighborsClassifier
```

```
from sklearn import tree
from sklearn.naive_bayes import GaussianNB
from sklearn.discriminant_analysis import LinearDiscriminantAnalysis
from sklearn import svm
from sklearn.neural_network import MLPClassifier
import time
models = [KNeighborsClassifier(),tree.DecisionTreeClassifier(),
          GaussianNB(),LinearDiscriminantAnalysis(),
          svm.SVC(C=10,gamma=0.001),MLPClassifier()]
rightrates = []
time_run = []
for classifier in models:
    time_start = time.time()
    rightrate = cross_val_score(classifier,X_train_pca,y_train,cv=5)
    rightrates.append(rightrate.mean())
    time_end =time.time()
    time_run.append(time_end-time_start)
classifer_name_chinese = ["K近邻分类器","决策树","贝叶斯分类器",
                          "线性分类器","支持向量机","多层人工神经网络"]
classifier_label = ["KNN","Tree","NBayes","Linear","SVM","ANN"]
print("%s%s%s%s"%("算法".ljust(10,chr(12288)),"英文缩写".ljust(7,chr(12288)),
         "正确率".ljust(10,chr(12288)),"运行时间".ljust(10,chr(12288))))
print("-"*60)
for i in range(len(classifier_label)):
   print("%s%10s%10.2f%%%20f"%(classifer_name_chinese[i].ljust(10,chr
(12288)),classifier_label[i].ljust(10),100*rightrates[i],time_run[i]))
print("-"*60)
```

程序运行结果如图 10-2 所示。

```
算法                英文缩写      正确率               运行时间
------------------------------------------------------------
K近邻分类器         KNN            37.50%               0.008501
决策树              Tree           50.00%               0.216337
贝叶斯分类器        NBayes         64.69%               0.024695
线性分类器          Linear         95.62%               0.024595
支持向量机          SVM            88.44%               0.093728
多层人工神经网络    ANN            67.19%               1.605590
------------------------------------------------------------
```

图 10-2　不同分类器的性能

从分类结果可以看出，6 种分类器在采用默认参数的情况下，线性分类器的分类正确率最高，为 95.62%，运行时间为 0.024 595 s，属于速度较快的分类器；支持向量机的分类正确率为 88.44%，运行时间为 0.093 728 s，其速度略慢；速度最慢的多层人工神经网络的分类正确率为 67.19%，运行时间为 1.605 590 s；运行速度较快的贝叶斯分类器和 K 近邻分类器的分类正确率较低。综合考虑正确率和运行时间，线性分类器对人脸识别数据的分类性能最好。

5. 模型优化

确定分类模型后，需通过模型优化寻找最优的模型参数，从而训练出更好的模型。下面以线性分类器的参数优化为例介绍模型优化方法。

例 10-5 人脸识别分类模型的优化。

```
import numpy as np
from sklearn.model_selection import train_test_split,GridSearchCV
from sklearn.decomposition import PCA
from sklearn.discriminant_analysis import LinearDiscriminantAnalysis
from sklearn.metrics import classification_report,accuracy_score
from sklearn.datasets import fetch_olivetti_faces

# 加载数据集
people = fetch_olivetti_faces()
# 获取图像数组和对应的标签
X = people.data
y = people.target

# 将数据集划分为训练集和测试集
X_train,X_test,y_train,y_test = train_test_split(X,y,test_
size=0.2,random_state=42)

# 使用 PCA 进行特征提取和降维
pca = PCA(n_components=150,whiten=True)
X_train_pca = pca.fit_transform(X_train)
X_test_pca = pca.transform(X_test)

# 构建 LinearDiscriminantAnalysis 分类器
lda = LinearDiscriminantAnalysis()

# 设置超参数的范围
param_grid = {'solver':['svd','lsqr','eigen']}

# 创建网格搜索对象
grid_search = GridSearchCV(lda,param_grid)
```

```
# 在训练集上进行网格搜索，找到最佳模型
grid_search.fit(X_train_pca,y_train)

# 输出最佳参数和最佳模型
print("Best parameters found:",grid_search.best_params_)
print("Best estimator found:",grid_search.best_estimator_)
# 在测试集上进行预测
y_pred = grid_search.predict(X_test_pca)
best_accuracy = grid_search.score(X_test_pca,y_test)
print("优化后分类器正确率",best_accuracy)
# 输出分类报告
print(classification_report(y_test,y_pred))
```

程序运行结果如图 10-3 所示。

```
Best parameters found:  {'solver': 'svd'}
Best estimator found:  LinearDiscriminantAnalysis()
优化后分类器正确率 0.9625
              precision    recall  f1-score   support

           0       1.00      1.00      1.00         3
           1       1.00      1.00      1.00         1
           2       0.67      1.00      0.80         2
           3       1.00      1.00      1.00         4
           4       0.75      1.00      0.86         3
           5       1.00      1.00      1.00         3
           7       1.00      0.83      0.91         6
           8       1.00      1.00      1.00         2
           9       1.00      1.00      1.00         2
          10       1.00      1.00      1.00         2
          11       1.00      1.00      1.00         3
          12       0.67      1.00      0.80         2
          13       1.00      1.00      1.00         1
          14       1.00      1.00      1.00         3
          15       1.00      1.00      1.00         2
          17       1.00      1.00      1.00         3
          18       1.00      1.00      1.00         1
          19       1.00      1.00      1.00         1
          20       1.00      1.00      1.00         1
          21       1.00      1.00      1.00         1
          22       1.00      1.00      1.00         3
          23       1.00      1.00      1.00         2
          24       1.00      1.00      1.00         1
          25       1.00      1.00      1.00         1
          26       1.00      0.75      0.86         4
          27       1.00      1.00      1.00         2
          28       1.00      1.00      1.00         2
          29       1.00      1.00      1.00         1
          32       1.00      1.00      1.00         3
          33       1.00      1.00      1.00         1
          34       1.00      1.00      1.00         1
          35       1.00      1.00      1.00         1
          36       1.00      1.00      1.00         2
          37       1.00      1.00      1.00         2
          38       1.00      1.00      1.00         4
          39       1.00      0.75      0.86         4

    accuracy                           0.96        80
   macro avg       0.97      0.98      0.97        80
weighted avg       0.97      0.96      0.96        80
```

图 10-3　模型优化结果

例 10-5 中的程序通过在训练集上进行网格搜索，寻找最佳模型参数。从程序运行结果可以看出，经过模型优化，线性分类器的分类正确率从 95.62% 提高到了 96.25%。

6. 模型的训练和评估

选出最佳模型后即可采用最佳模型进行建模、预测和评估。通常采用训练样本对模型进行训练，采用测试样本对模型进行评估。

例 10-6　人脸识别分类模型的评估。

```
import numpy as np
from sklearn.model_selection import train_test_split
from sklearn.decomposition import PCA
from sklearn.discriminant_analysis import LinearDiscriminantAnalysis
from sklearn.metrics import classification_report,confusion_matrix
from sklearn.datasets import fetch_olivetti_faces
from sklearn import metrics
# 加载数据集
people = fetch_olivetti_faces()

# 获取图像数组和对应的标签
X = people.data
y = people.target
target_names = people.target_names

# 将数据集划分为训练集和测试集
X_train,X_test,y_train,y_test = train_test_split(X,y,test_
size=0.2,random_state=42)
# 使用 PCA 进行特征提取和降维
pca = PCA(n_components=150,whiten=True)
X_train_pca = pca.fit_transform(X_train)
X_test_pca = pca.transform(X_test)
# 使用线性判别模型对分类器进行训练
# 初始化训练模型
lc = LinearDiscriminantAnalysis()
# 用训练样本进行训练
lc.fit(X_train_pca,y_train)
y_pred =lc.predict(X_test_pca)

# 评估模型性能
print(classification_report(y_test,y_pred))
print(confusion_matrix(y_test,y_pred))
```

程序采用 LinearDiscriminantAnalysis( ) 方法初始化线性模型，之后采用 fit( ) 函数，基于训练数据对线性模型进行训练，最后采用 classification_report( ) 和 confusion_matrix( ) 方法评价所训练模型的性能。

运行程序，模型性能评估结果如图 10-4 所示。

```
              precision    recall  f1-score   support

           0       1.00      1.00      1.00         3
           1       1.00      1.00      1.00         1
           2       0.67      1.00      0.80         2
           3       1.00      1.00      1.00         4
           4       1.00      1.00      1.00         3
           5       1.00      1.00      1.00         3
           7       1.00      0.83      0.91         6
           8       1.00      1.00      1.00         2
           9       1.00      1.00      1.00         2
          10       1.00      1.00      1.00         2
          11       1.00      1.00      1.00         3
          12       0.67      1.00      0.80         2
          13       1.00      1.00      1.00         1
          14       1.00      1.00      1.00         3
          15       1.00      1.00      1.00         2
          17       1.00      1.00      1.00         3
          18       1.00      1.00      1.00         1
          19       1.00      1.00      1.00         1
          20       1.00      1.00      1.00         1
          21       1.00      1.00      1.00         1
          22       1.00      1.00      1.00         3
          23       1.00      1.00      1.00         2
          24       1.00      1.00      1.00         1
          25       1.00      1.00      1.00         1
          26       1.00      0.75      0.86         4
          27       1.00      1.00      1.00         2
          28       1.00      1.00      1.00         2
          29       1.00      1.00      1.00         1
          32       1.00      1.00      1.00         3
          33       1.00      1.00      1.00         1
          34       1.00      1.00      1.00         1
          35       1.00      1.00      1.00         1
          36       1.00      1.00      1.00         2
          37       1.00      1.00      1.00         2
          38       1.00      1.00      1.00         4
          39       1.00      1.00      1.00         4

    accuracy                           0.97        80
   macro avg       0.98      0.99      0.98        80
weighted avg       0.98      0.97      0.98        80

[[3 0 0 ... 0 0 0]
 [0 1 0 ... 0 0 0]
 [0 0 2 ... 0 0 0]
 ...
 [0 0 0 ... 2 0 0]
 [0 0 0 ... 0 4 0]
 [0 0 0 ... 0 0 4]]
```

图 10-4　模型性能评估结果

从程序运行结果可以看到，模型显示每个人的识别准确率、召回率、F1 值等信息，且模型的平均正确率为 97%。

7. 模型预测

评估模型的性能达到要求后，即可采用模型进行预测，并将预测结果以可视化方式进行显示。

例 10-7 人脸识别分类模型的预测。

```
import matplotlib.pyplot as plt
# 在测试集上对测试样本进行预测
y_pred = lc.predict(X_test_pca)

# 可视化预测结果
print("-"*60)
print("%-30s%-30s"%("True Label","Predict Label"))
print("-"*60)
for i in range(20):
    print("%-30s%-30s"%(y_test[i],y_pred[i]))
print("-"*60)
```

程序采用 predict( ) 方法对测试样本进行预测，并可视化预测结果。运行程序，模型预测结果如下：

```
------------------------------------------------------------
     True Label                    Predict Label
------------------------------------------------------------
          20                            20
          28                            28
          3                             3
          21                            21
          9                             9
          8                             8
          32                            32
          9                             9
          26                            26
          12                            12
          0                             0
          36                            36
          5                             5
          7                             7
          13                            13
          4                             4
```

```
27                                                      27
37                                                      37
23                                                      23
38                                                      38
-----------------------------------------------------------------------
```

▲人脸识别：完整代码

10.2 文本分类案例——新闻分类

10.2.1 数据集简介

20 Newsgroups（新闻组）数据集是一个用于文本分类任务的常用数据集，包含数千篇新闻组文档，这些文档被分为 20 个不同的新闻组类别，每篇文档具有一个明确的类别标签。

20 Newsgroups 数据集的主要特点如下。

（1）数据规模。该数据集包含约 20 000 篇文档，涵盖多个主题，如计算机科学、体育、政治、宗教及其他领域等。

（2）文本内容。每篇文档均来自不同新闻组的新闻文章或帖子，文档的长度和内容各异。

（3）类别标签。每篇文档均分配且仅分配了一个明确的类别标签，反映了文档所属的新闻组类别，包括计算机技术、体育、政治、宗教、汽车等。

10.2.2 案例分析

本案例基于 20 Newgroups 数据集进行新闻分组，是一个分类问题，具体实现步骤如下。

1. 导入数据集

20 Newgroups 数据集可以通过 Sklearn 库的 fetch_20newsgroups( ) 函数获取。

例 10-8 导入新闻组数据集。

```
from sklearn.datasets import fetch_20newsgroups
# 加载数据集
newsgroups_data = fetch_20newsgroups()
```

导入数据集后，变量 newsgroups_data 是一个类似于字典的 Bunch（群聚）对象，包含以下键值对。

（1）'data'：包含所有文档的列表。每个文档以字符串形式表示。

（2）'target'：包含每个文档所属的目标类别的整数标签。这些整数标签对应 20 个主题类别。

（3）'target_names'：包含每个目标类别的名称。

（4）'DESCR'：数据集的简要描述。

2. 数据预处理

20 Newsgroups 数据集的每个样本均为一篇新闻文章或帖子，篇幅较长并包含大量的词汇，因此需要对样本进行数据预处理。

常用的预处理方法有如下几种。

（1）文本清理。对文本进行清理，去除不必要的标点符号、特殊字符和 HTML 标签等。

（2）去除停用词。去除通用的停用词，如“is”“the”“and”等，这些词对分类任务没有太大帮助。

（3）文本向量化。将文本转化为数字向量的形式，可以使用词袋模型或 TF-IDF 等技术。

（4）数据划分。将数据集划分为训练集和测试集，通常采用随机划分的方式，以保持类别均衡分布。

例 10-9 文本数据预处理。

```
from sklearn.datasets import fetch_20newsgroups
from sklearn.feature_extraction.text import TfidfVectorizer
from nltk.corpus import stopwords
import re

# 加载数据集
newsgroups_data = fetch_20newsgroups()

# 去除标点符号和特殊字符
cleaned_data = [re.sub(r'[^\w\s]','',text) for text in newsgroups_data.data]

# 去除停用词
stopwords_list = stopwords.words('english')
cleaned_data = [''.join([word for word in text.split() if word.lower()
not in stopwords_list]) for text in cleaned_data]

# 特征提取
vectorizer = TfidfVectorizer()
X = vectorizer.fit_transform(cleaned_data)
y = newsgroups_data.target

# 划分训练集和测试集
X_train,X_test,y_train,y_test = train_test_split(X,y,test_size=0.2,random_
state=42)
```

3. 分类模型的构建

文本分类问题可以依赖数据集的特点和任务要求来选择适合的模型。以下是几种常用的文本分类模型。

（1）朴素贝叶斯分类器。这种模型适用于大规模文本分类任务，速度快且效果良好。假设特征之间相互独立，可以根据词频或者 TF-IDF 作为特征来构建模型。

（2）支持向量机。这种模型适用于线性和非线性分类问题，可以处理高维稀疏特征。使用合适的核函数（如线性核函数、多项式核函数、高斯核函数等）可以适应不同的文本分类任务。

（3）决策树。这种模型适用于对可解释性要求较高的文本分类问题，通过构建树结构进行分类，并可通过剪枝、特征选择等技术提高模型的性能。

（4）集成学习（ensemble learning）。这种模型包括随机森林（random forest）、梯度提升树（gradient boosting tree）等分类器，通过集成多个分类器来提高分类性能，适用于复杂的文本分类问题。

（5）深度学习模型（如卷积神经网络、循环神经网络）。这种模型适用于大规模的文本分类问题，可以自动学习特征表示和模式。深度学习模型在处理长文本或包含语义信息的文本任务上表现良好。

本节以朴素贝叶斯分类器为例介绍文本分类方法。

例 10-10 文本分类模型的构建。

```
from sklearn.naive_bayes import MultinomialNB
from sklearn.metrics import accuracy_score
from sklearn.metrics import classification_report
# 创建朴素贝叶斯分类器模型
clf = MultinomialNB()

# 在训练集上训练模型
clf.fit(X_train,y_train)

# 在测试集上进行预测
y_pred = clf.predict(X_test)

# 计算准确率
accuracy = accuracy_score(y_test,y_pred)
print("Accuracy:",accuracy)
result = classification_report(y_test,y_pred,target_names=newsgroups_
data.target_names)
print(result)
```

▲新闻分类：完整代码

程序运行结果如下：

```
准确率：0.8820150243040212
                              precision    recall    f1-score    support

alt.atheism0.91                    0.86      0.88        97
comp.graphics                      0.83      0.88      0.85        104
comp.os.ms-windows.misc            0.86      0.83      0.84        115
comp.sys.ibm.pc.hardware           0.69      0.84      0.75        123
comp.sys.mac.hardware              0.97      0.83      0.89        126
comp.windows.x                     0.88      0.93      0.90        106
misc.forsale                       0.86      0.78      0.82        109
rec.autos                          0.91      0.93      0.92        139
rec.motorcycles                    0.93      0.93      0.93        122
rec.sport.baseball                 0.96      0.97      0.97        102
rec.sport.hockey                   0.95      0.96      0.96        108
sci.crypt                          0.88      0.99      0.93        125
sci.electronics                    0.91      0.85      0.88        114
sci.med                            1.00      0.94      0.97        119
sci.space                          0.99      0.98      0.99        127
soc.religion.christian             0.66      0.95      0.78        122
talk.politics.guns                 0.86      0.99      0.92        121
talk.politics.mideast              0.90      0.99      0.94        102
talk.politics.misc                 0.97      0.72      0.83        107
talk.religion.misc                 1.00      0.25      0.40        75

accuracy                                               0.88        2263
macro avg                          0.90      0.87      0.87        2263
weighted avg                       0.89      0.88      0.88        2263
```

结果显示模型对测试样本预测的准确率约为 88%。准确率表示在测试集上分类正确的样本数与总样本数之比，即分类器的整体性能指标。模型对测试样本预测的准确率越高，分类器的性能越好。

10.3 回归案例——房价预测

10.3.1 数据集简介

波士顿房价数据集（Boston housing dataset）是一个经典的用于回归问题的数据集。该数据集提供了用于预测波士顿地区房屋价格的信息，包含 506 个样本，每个样本包含 13 个特征，这些特征涵盖了房屋和地理信息。

以下是波士顿房价数据集的特征列表。

（1）CRIM：每个镇的人均犯罪率。

（2）ZN：住宅用地超过 25 000 平方英尺（1 平方英尺≈ 0.093 平方米）的比例。

（3）INDUS：每个镇非零售商业用地的比例。

（4）CHAS：是否靠近查尔斯河（靠近为 1，否则为 0）。

（5）NOX：一氧化氮（NO）浓度。

（6）RM：每个住宅的平均房间数。

（7）AGE：1940 年以前建造的自住房屋的比例。

（8）DIS：到波士顿就业中心的加权距离。

（9）RAD：辐射状公路的可达性指数。

（10）TAX：每 10 000 美元财产税率。

（11）PTRATIO：城镇师生比例。

（12）B：$B=1\,000(Bk-0.63)^2$，其中 Bk 是每个城镇的黑人比例。

（13）LSTAT：人口中地位低下者的百分比。

该数据集的目标变量是房屋的中位数价格（MEDV）。

10.3.2 案例分析

1. 导入相关库和数据集

例 10-11 导入相关库和波士顿房价数据集。

```
import numpy as np
import pandas as pd
from sklearn.datasets import load_boston
# 加载波士顿房价数据集
boston = load_boston()
```

2. 数据初步探索和预处理

例 10-12 波士顿房价数据集的预处理。

```
# 将数据集转换为 DataFrame 对象
df = pd.DataFrame(boston.data,columns=boston.feature_names)

# 添加目标变量(房价中位数)
df['PRICE'] = boston.target

# 查看数据集的前几行和统计摘要
print(df.describe())
df
```

上述程序将波士顿房价数据集转化为 Pandas 库的 DataFrame 格式，如图 10-5 所示。并显示数据的相关描述，如个数、最大值、最小值、平均值等统计性信息，如图 10-6 所示。

	CRIM	ZN	INDUS	CHAS	NOX	RM	AGE	DIS	RAD	TAX	PTRATIO	B	LSTAT	PRICE
0	0.00632	18.0	2.31	0.0	0.538	6.575	65.2	4.0900	1.0	296.0	15.3	396.90	4.98	24.0
1	0.02731	0.0	7.07	0.0	0.469	6.421	78.9	4.9671	2.0	242.0	17.8	396.90	9.14	21.6
2	0.02729	0.0	7.07	0.0	0.469	7.185	61.1	4.9671	2.0	242.0	17.8	392.83	4.03	34.7
3	0.03237	0.0	2.18	0.0	0.458	6.998	45.8	6.0622	3.0	222.0	18.7	394.63	2.94	33.4
4	0.06905	0.0	2.18	0.0	0.458	7.147	54.2	6.0622	3.0	222.0	18.7	396.90	5.33	36.2
...	...	...	...	...	...	...	...	...	...	...	...	...	...	...
501	0.06263	0.0	11.93	0.0	0.573	6.593	69.1	2.4786	1.0	273.0	21.0	391.99	9.67	22.4
502	0.04527	0.0	11.93	0.0	0.573	6.120	76.7	2.2875	1.0	273.0	21.0	396.90	9.08	20.6
503	0.06076	0.0	11.93	0.0	0.573	6.976	91.0	2.1675	1.0	273.0	21.0	396.90	5.64	23.9
504	0.10959	0.0	11.93	0.0	0.573	6.794	89.3	2.3889	1.0	273.0	21.0	393.45	6.48	22.0
505	0.04741	0.0	11.93	0.0	0.573	6.030	80.8	2.5050	1.0	273.0	21.0	396.90	7.88	11.9

506 rows × 14 columns

图 10-5　波士顿房价数据集（DataFrame 格式）

```
             CRIM          ZN       INDUS        CHAS         NOX          RM
count  506.000000  506.000000  506.000000  506.000000  506.000000  506.000000
mean     3.613524   11.363636   11.136779    0.069170    0.554695    6.284634
std      8.601545   23.322453    6.860353    0.253994    0.115878    0.702617
min      0.006320    0.000000    0.460000    0.000000    0.385000    3.561000
25%      0.082045    0.000000    5.190000    0.000000    0.449000    5.885500
50%      0.256510    0.000000    9.690000    0.000000    0.538000    6.208500
75%      3.677083   12.500000   18.100000    0.000000    0.624000    6.623500
max     88.976200  100.000000   27.740000    1.000000    0.871000    8.780000

              AGE         DIS         RAD         TAX     PTRATIO           B
count  506.000000  506.000000  506.000000  506.000000  506.000000  506.000000
mean    68.574901    3.795043    9.549407  408.237154   18.455534  356.674032
std     28.148861    2.105710    8.707259  168.537116    2.164946   91.294864
min      2.900000    1.129600    1.000000  187.000000   12.600000    0.320000
25%     45.025000    2.100175    4.000000  279.000000   17.400000  375.377500
50%     77.500000    3.207450    5.000000  330.000000   19.050000  391.440000
75%     94.075000    5.188425   24.000000  666.000000   20.200000  396.225000
max    100.000000   12.126500   24.000000  711.000000   22.000000  396.900000

            LSTAT       PRICE
count  506.000000  506.000000
mean    12.653063   22.532806
std      7.141062    9.197104
min      1.730000    5.000000
25%      6.950000   17.025000
50%     11.360000   21.200000
75%     16.955000   25.000000
max     37.970000   50.000000
```

图 10-6　波士顿房屋数据统计表

因为数据特征比较多，这里只显示了部分数据。

3. 数据可视化

通过数据可视化，可以了解各个数据特征和房价之间的关系。

例 10-13 波士顿房价数据集的可视化。

```
import seaborn as sns
import matplotlib.pyplot as plt
```

```
# 可视化房价和数据特征之间的关系
sns.pairplot(df,x_vars=boston.feature_names[:4],y_vars='PRICE',height=5)
sns.pairplot(df,x_vars=boston.feature_names[4:8],y_vars='PRICE',height=5)
sns.pairplot(df,x_vars=boston.feature_names[8:],y_vars='PRICE',height=5)
plt.show( )
```

运行程序，房价与各个特征之间关系的可视化结果如图 10-7 所示。

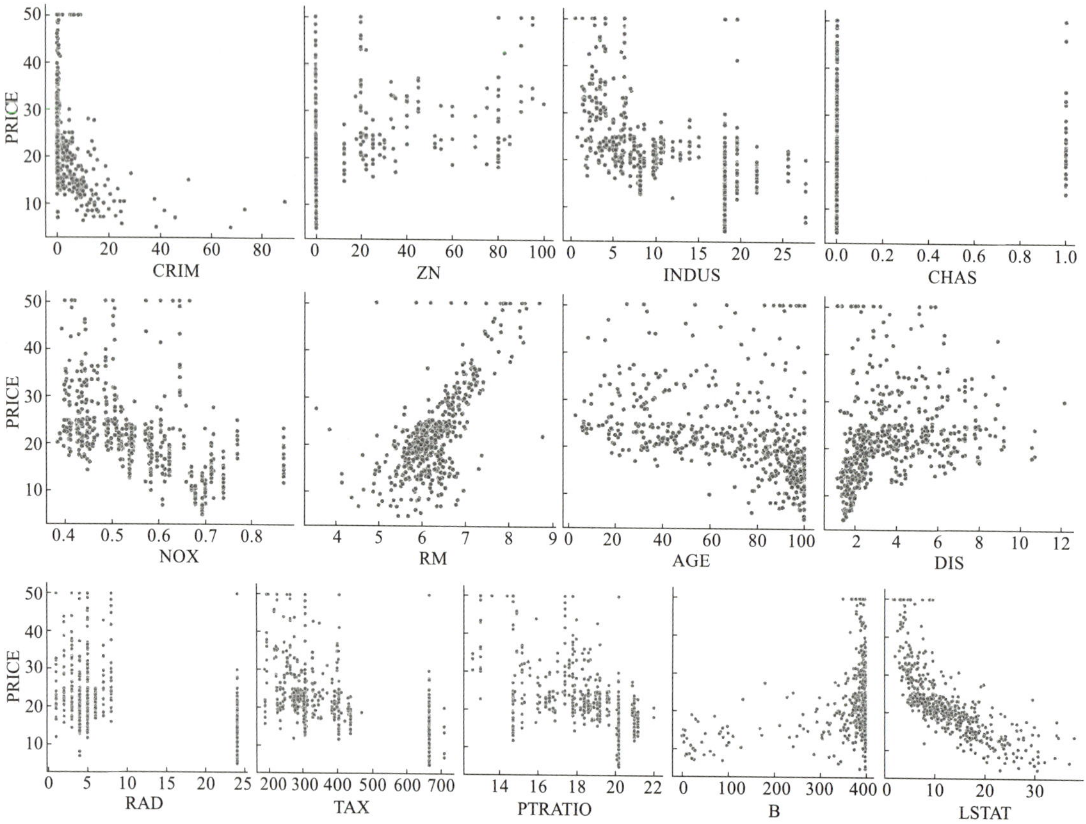

图 10-7　房价与各个特征之间关系的可视化结果

从可视化结果可以了解房价与各个特征的关系，如图 10-7 中第一张图片所示，房价与当地的犯罪率相关，犯罪率越低，房价越高。

4. 数据准备

将数据集拆分为特征变量（X）和目标变量（y）。

例 10-14　准备波士顿房价数据集。

```
X = df[boston.feature_names]
y = df['PRICE']
```

该数据集中的特征变量 X 包含 13 个特征，代表不同的房屋属性，目标变量 y 代表对应的房价。

5. 拆分数据集

例 10-15 拆分波士顿房价数据集。

```
from sklearn.model_selection import train_test_split
X_train,X_test,y_train,y_test = train_test_split(X,y,test_size=0.2,
random_state=42)
```

程序中将数据集拆分为训练集（占 80%）和测试集（占 20%），并且使用 random_state 参数来设置随机种子，以保证结果的可复现性。

6. 建立模型

选择一个回归模型进行建模和预测，此处以线性回归模型为例。

例 10-16 建立房价预测模型。

```
from sklearn.linear_model import LinearRegression
model = LinearRegression()
model.fit(X_train,y_train)
```

代码中使用 fit( ) 函数对训练数据进行拟合，建立线性回归模型。

7. 评价模型

可以使用均方根误差评估模型的性能。

例 10-17 评价房价预测模型。

```
mse = mean_squared_error(y_test,y_pred)
rmse = np.sqrt(mse)
print("均方根误差(RMSE):",rmse)
```

8. 预测房价

例 10-18 预测房价。

```
y_pred = model.predict(X_test)
```

9. 可视化预测结果

通过可视化方式，可以直观了解预测房价和实际房价之间的差异。

例 10-19 可视化房价预测结果。

```
# 绘制实际房价和预测房价的比较图
plt.scatter(y_test,y_pred)
plt.xlabel("实际房价")
plt.ylabel("预测房价")
plt.title("实际房价 vs 预测房价")
plt.text(5,max(y_pred),mse_str,fontsize=10)
plt.show( )
```

运行程序，实际房价和预测房价的可视化结果如图 10-8 所示。

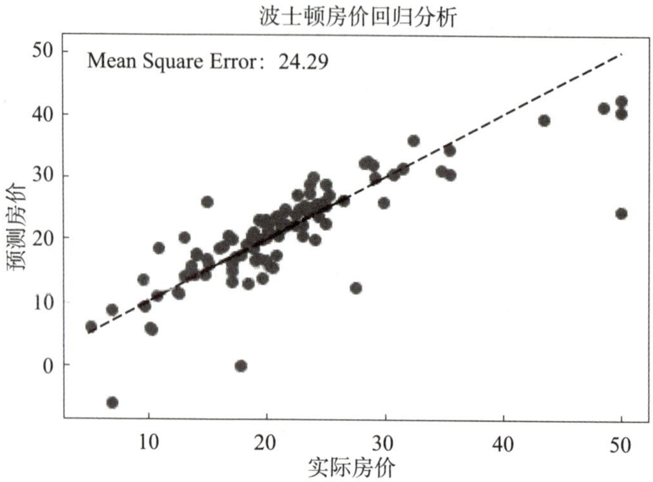

▲房价预测：完整代码

图 10-8　实际房价和预测房价的可视化结果

10.4　聚类案例

10.4.1　数据集简介

鸢尾花数据集是一个经典的机器学习数据集，包含 150 个样本，每个样本有 4 个特征和 1 个目标变量，常用于鸢尾花分类问题。该数据集的详细介绍请见第 9 章。

10.4.2　案例分析

1. 导入数据

例 10-20　导入聚类数据。

```
from sklearn.datasets import load_iris

# 加载鸢尾花数据集
data = load_iris()
X = data.data
```

聚类分析属于非监督分类算法，算法根据特征的相似程度分成不同类别，因此只需要将数据的特征读入即可，不需要类别信息。

2. 聚类数据可视化

例 10-21　聚类数据可视化。

```
import matplotlib.pyplot as plt
from sklearn.datasets import load_iris
```

```
# 加载鸢尾花数据集
iris = load_iris()
X = iris.data
y = iris.target
target_names = iris.target_names

# 定义颜色和标签列表
colors = ['red', 'green', 'blue']
markers = ["o","v","d"]
labels = target_names

# 绘制散点图
for i in range(X.shape[1]):
    for j in range(i+1,X.shape[1]):
        plt.figure(figsize=(8,6))
        for k in range(len(target_names)):
            plt.scatter(X[y == k,i],X[y == k,j],c=colors[k],
                        marker=markers[k],label=labels[k])
        plt.xlabel(iris.feature_names[i])
        plt.ylabel(iris.feature_names[j])
        plt.title(f"{iris.feature_names[i]} vs {iris.feature_names[j]}")
        plt.legend()
        plt.show()
```

程序遍历了鸢尾花数据集的每一对特征，绘制了两两特征分布的散点图，如图 10-9 所示，其中使用不同形状标签表示不同的鸢尾花类别。

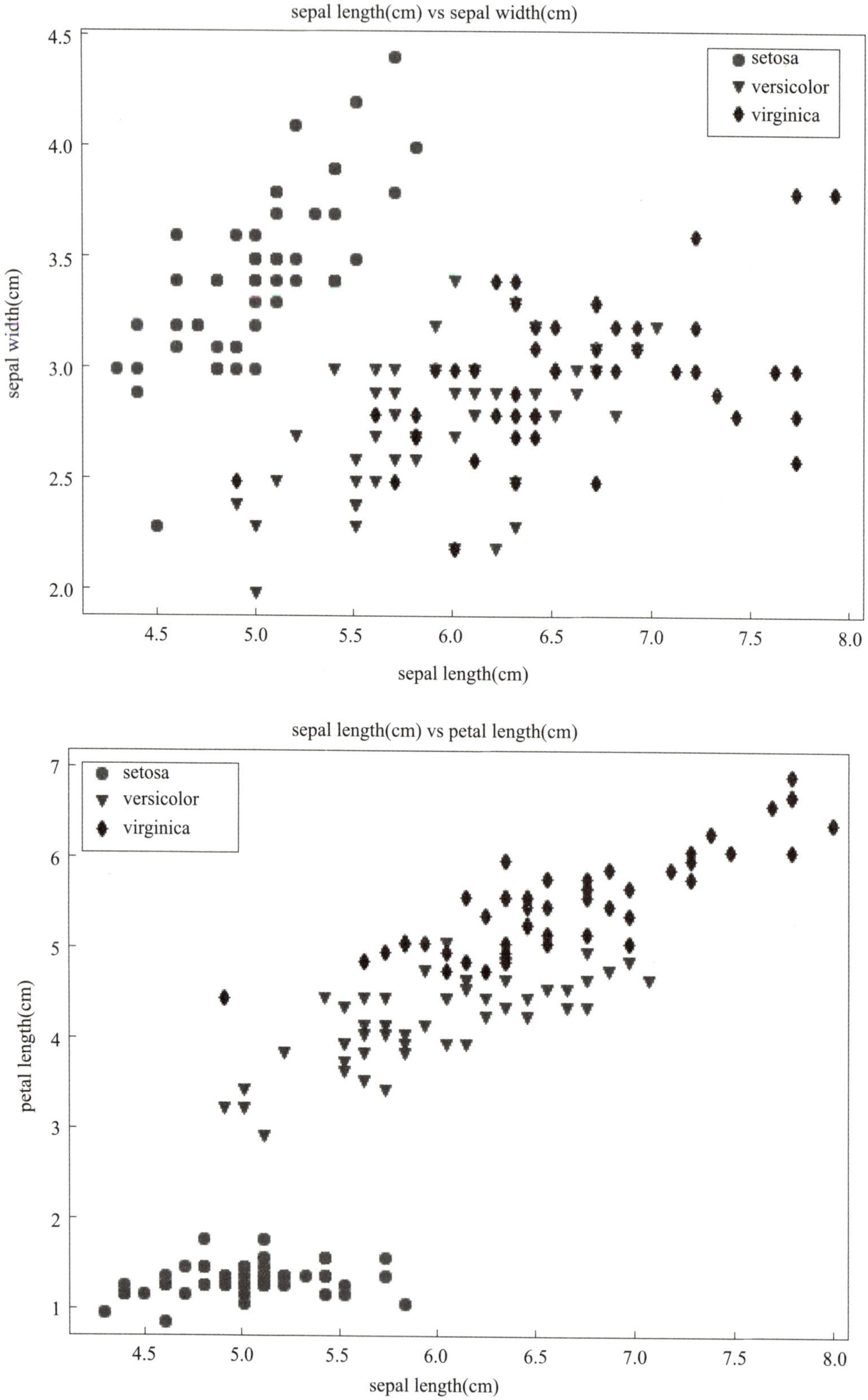

图 10-9　鸢尾花两两特征分布的散点图

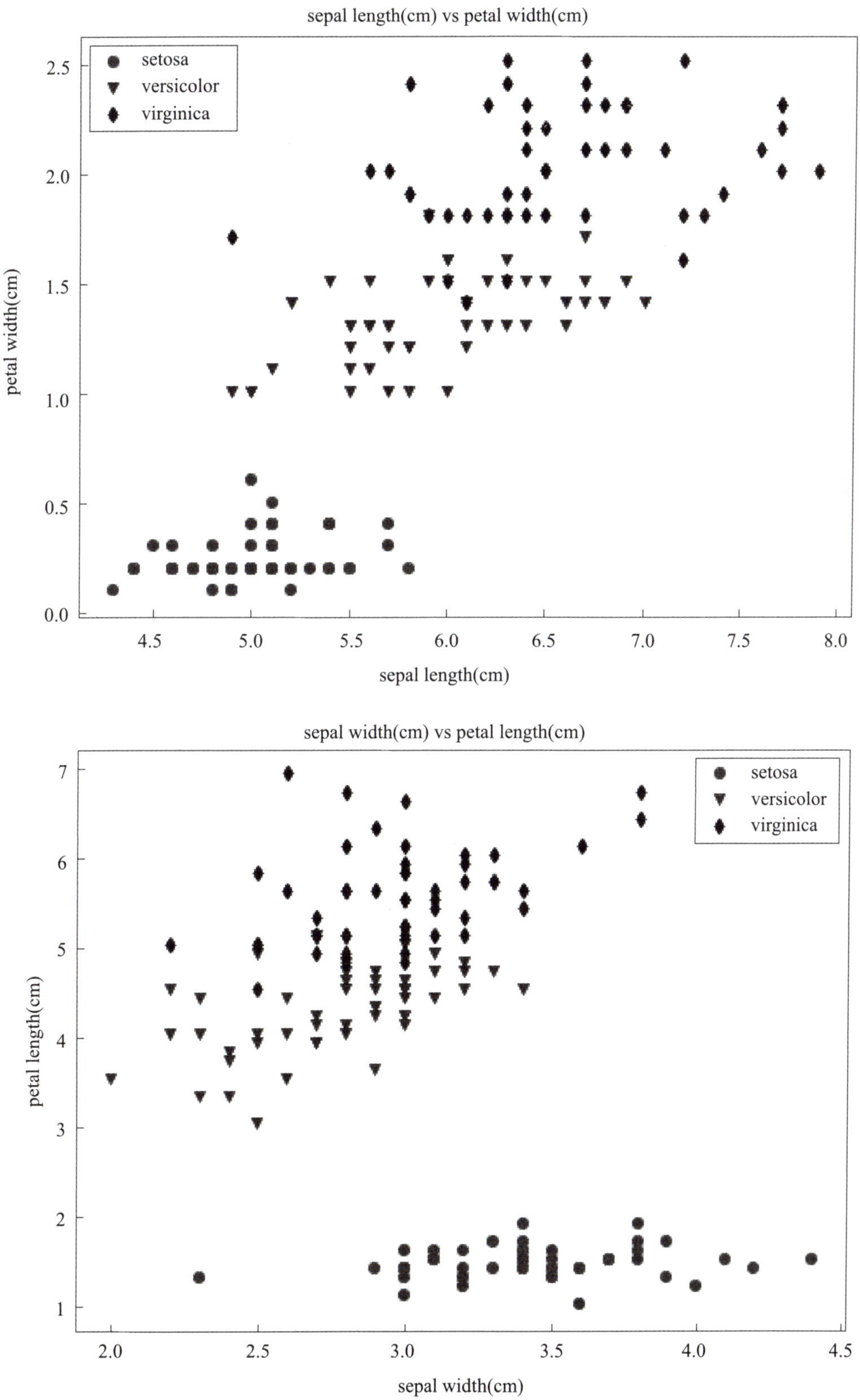

图 10-9　鸢尾花两两特征分布的散点图（续）

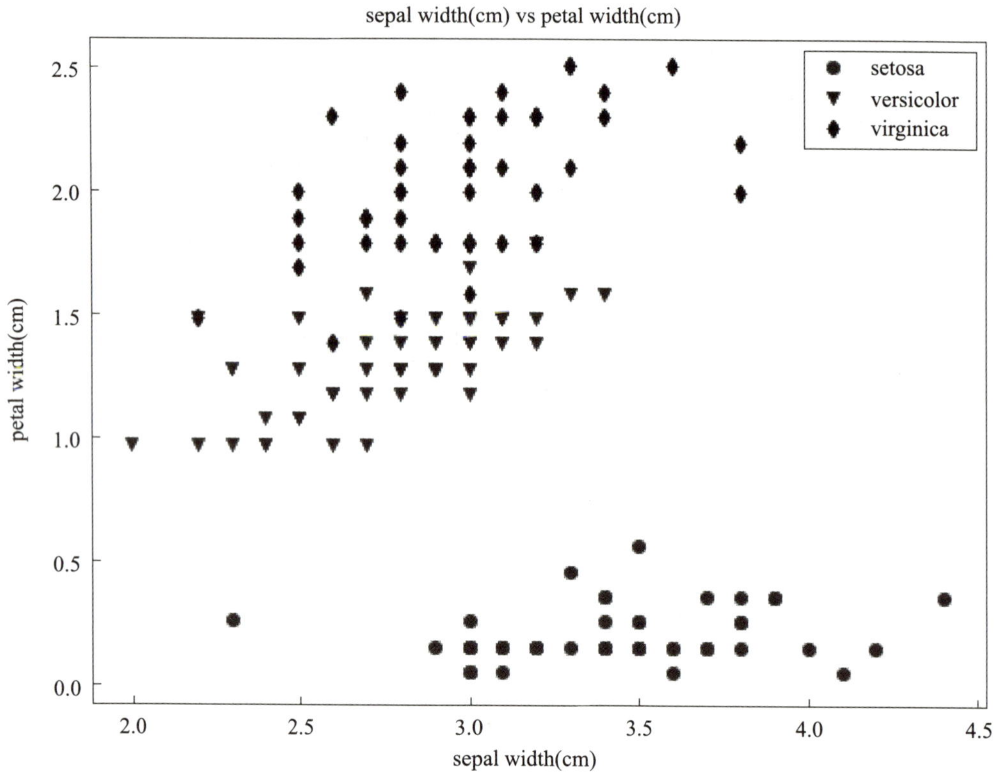

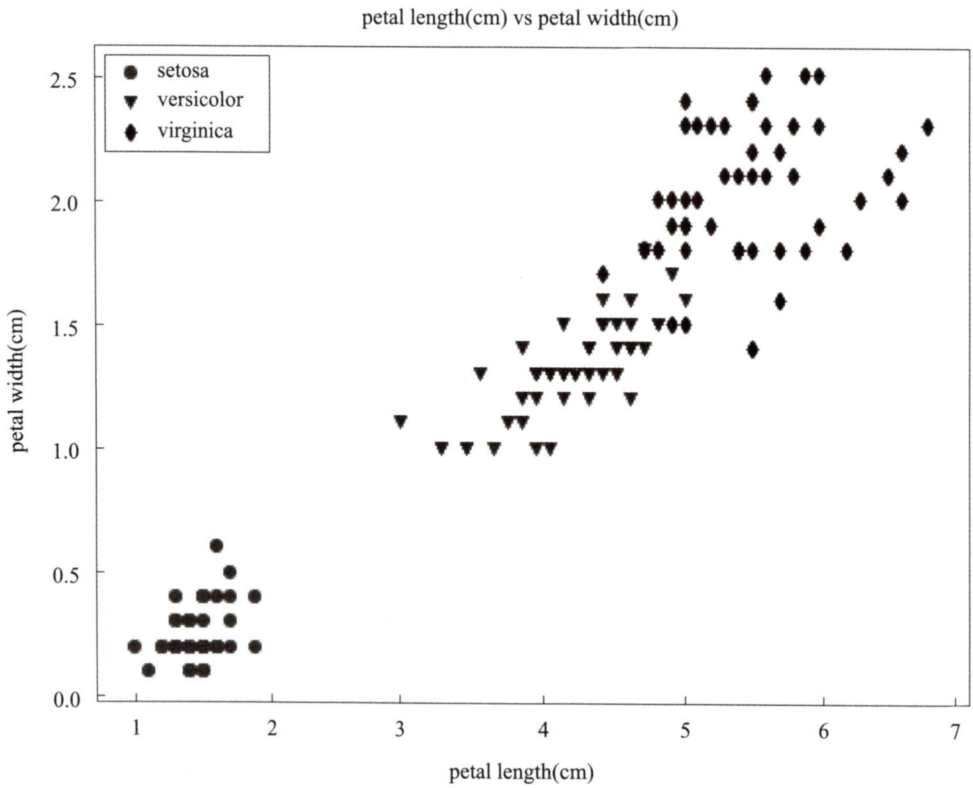

图 10-9 鸢尾花两两特征分布的散点图（续）

从图 10-9 所示的程序运行结果可以看出，两两特征在空间上会形成交叉。

3. 创建聚类模型

本例采用 KMeans 聚类模型对鸢尾花数据进行聚类分析。

例 10-22 聚类模型的构建。

```
from sklearn.cluster import KMeans

# 创建 KMeans 聚类模型，假设模型有 3 个类别
kmeans = KMeans(n_clusters=3,random_state=0)

# 对数据进行聚类分析
kmeans.fit(X)

# 获取聚类结果
labels = kmeans.predict(X)
```

4. 显示聚类结果

例 10-23 显示聚类结果。

```
for i in range(3):
    for j in range(i+1,4):
        # 原始数据可视化
        plt.figure(figsize=(12,4))
        plt.subplot(1,2,1)
        for k in range(len(target_names)):
            plt.scatter(X[y==k,i],X[y==k,j],c=colors[k],marker=
markers[k],label=labels[k])
        plt.xlabel(data.feature_names[i])
        plt.ylabel(data.feature_names[j])
        plt.title('Original Data')

        # 聚类结果可视化
        plt.subplot(1,2,2)
        for k in range(len(target_names)):
            plt.scatter(X[y==k,i],X[y==k,j],c=colors[k],marker=
markers[k],label=labels[k])
        plt.scatter(kmeans.cluster_centers_[:,i],kmeans.cluster_
centers_[:,j],marker='*',s=200,c='r',label='Centroids')
        plt.xlabel(data.feature_names[i])
```

```
        plt.ylabel(data.feature_names[j])
        plt.title('Clustered Data')
        plt.show()
```

程序将原始数据的真实聚类结果和采用 KMeans 聚类模型的结果成对显示，聚类结果如图 10-10 所示，其中红色五角星表示聚类中心。

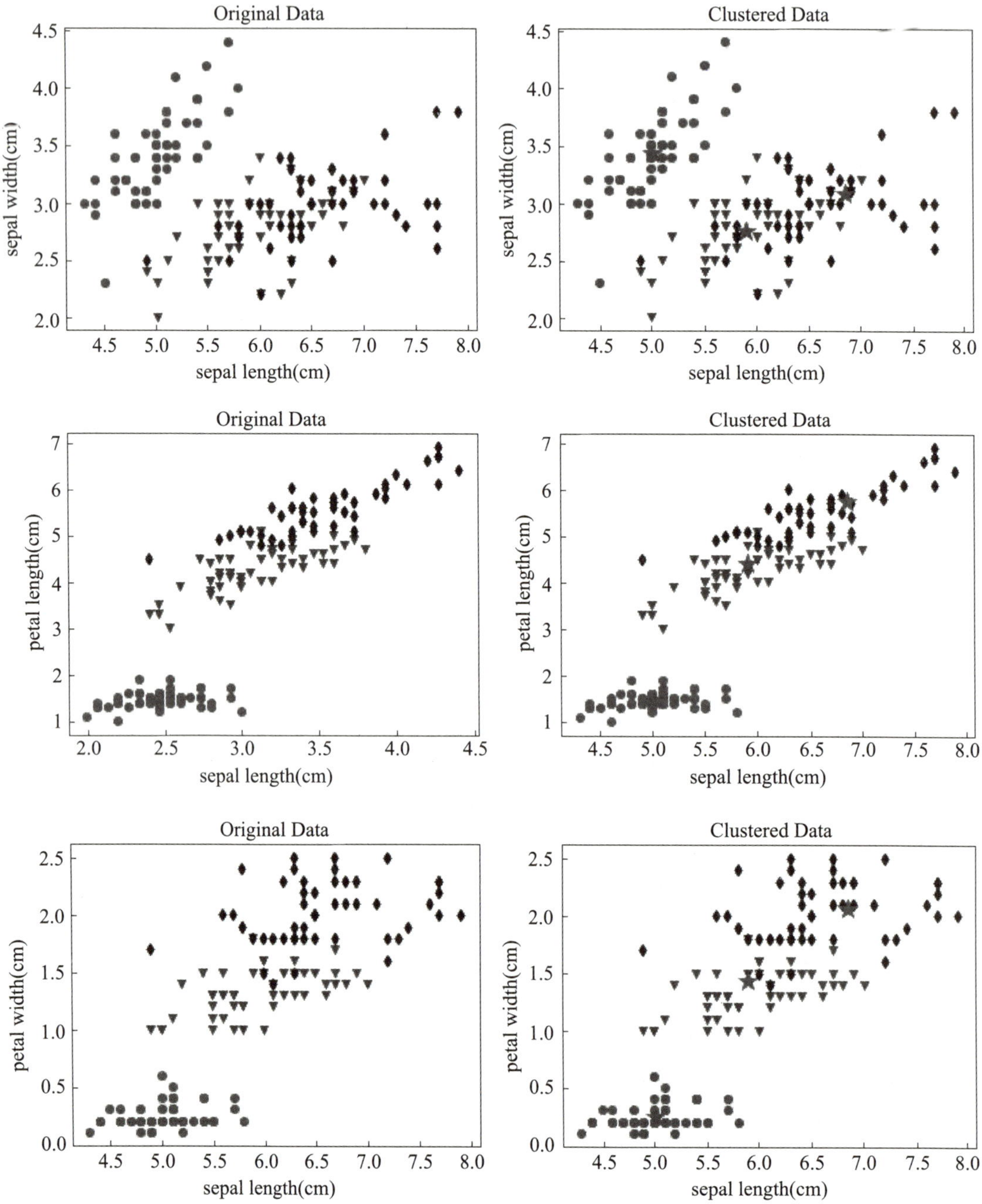

图 10-10　聚类结果

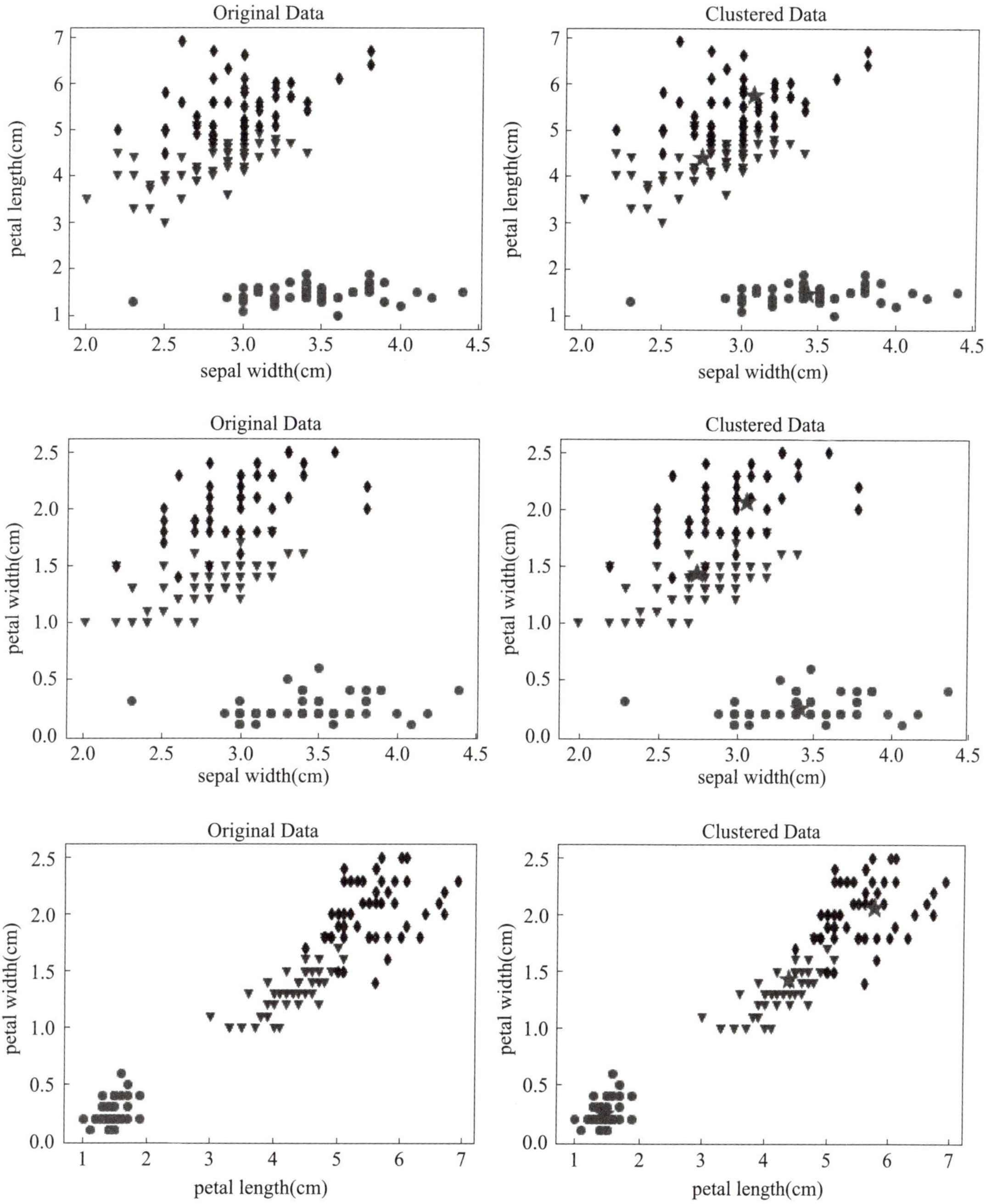

图 10-10　聚类结果（续）

从程序运行结果来看，聚类中心的定位比较准确。因为聚类分析属于非监督分类算法，模型训练过程中没有利用标签信息，只是根据数据的相似程度将数据分成不同的类别，所以聚类结果只是将数据分成 3 个类别，并未给出准确的类别标签信息。

▲聚类案例：完整代码

习 题 10

1. 单选题

（1）人脸识别属于________问题。

A．分类　　B．回归　　C．聚类　　D．异常检测

（2）房价预测属于________问题。

A．分类　　B．回归　　C．聚类　　D．异常检测

（3）聚类分析属于________问题。

A．分类　　B．回归　　C．聚类　　D．异常检测

（4）主成分分析在人脸识别中的作用是________。

A．降低特征维度

B．增强人脸图像的对比度

C．从数据中提取独特的人脸特征

D．处理人脸图像的尺度和姿态变化

（5）文本分类中的 TF-IDF 是统计________。

A．词频

B．词频 - 逆文档频率

C．单词在一篇文档中的重要性

D．文本分类的准确率

2. 编程题

（1）选择一种分类方法，对 LFW 人脸数据集进行人脸识别。

（2）选择一种合适的方法，对 20 Newsgroups 数据集进行分类。

▲习题参考答案

参考文献

[1] 王静，齐惠颖. 基于 Python 的人工智能基础 [M]. 北京：北京邮电大学出版社，2021.

[2] 王路漫，齐惠颖. Python 机器学习技术与应用 [M]. 北京：中国水利水电出版社，2023.

[3] 齐惠颖，周珂. 医学大数据分析 [M]. 北京：高等教育出版社，2022.

[4] 郭永青. 计算机应用基础 [M]. 7 版. 北京：北京大学医学出版社，2017.

[5] 嵩天，礼欣，黄天羽. Python 语言程序设计基础 [M]. 2 版. 北京：高等教育出版社，2017.

[6] 贺向前. Python 语言程序设计及医学应用 [M]. 北京：中国铁道出版社，2019.

[7] 董付国. Python 程序设计实用教程 [M]. 北京：北京邮电大学出版社，2020.

[8] 凯·霍斯特曼，兰斯·尼塞斯. Python 程序设计（原书第 3 版）[M]. 北京：机械工业出版社，2020.

[9] 尹波，蒋加伏，杨鼎强. Python 程序设计实验教程 [M]. 2 版. 北京：北京邮电大学出版社，2021.

[10] 钟柏昌. Python 基础案例教程：微课版 [M]. 北京：人民邮电出版社，2023.

[11] 潘蕾，武小川. Python 程序设计实验教程：以医药数据处理为例 [M]. 北京：清华大学出版社，2022.

[12] 张迎新，肖媛媛，姚春莲，等. Python 程序设计任务驱动式教程 [M]. 北京：清华大学出版社，2021.

[13] 王超，刘越，李美珊. Python 程序设计语言 [M]. 北京：清华大学出版社，2022.

[14] 骆焦煌. Python 程序设计基础教程 [M]. 2 版. 北京：清华大学出版社，2022.

[15] 胡荣群，黄建军. Python 程序设计实验指导及习题集 [M]. 北京：清华大学出版社，2023.

[16] 孙占锋，王鹏远，韩怿冰，等. Python 程序设计实践指导 [M]. 北京：中国铁道出版社，2022.

[17] PEDREGOSA F，VAROQUAUX G，GRAMFORT A，et al. Scikit-learn：Machine Learning in Python [J]. Journal of Machine Learning Reasearch，2011（12）：2825-2830.

[18] HUNTER J D. Matplotlib：A 2D Graphics Environment [J]. Computing in Science & Engineering，2007，9（3）：90-95.